장애인을 위한 패션

장애인을 위한
패션

정삼호 · 이현정 · 문선정 지음 / F.I. 유은옥

(주)교 문 사

머리말

　　21세기의 사회는 정치·경제·사회·문화·교육 등 모든 영역에서 정신적·물질적으로 대변혁이 일어나고 있다. 이러한 시대적 변화와 함께 세계 각국은 장애인의 인간적 존엄성에 대한 인식을 높이고, 장애인을 포함한 만인의 행복한 삶을 영위할 수 있는 복지 사회건설을 추진하고 있다.

　　보건복지가족부가 실시한 2005년도 장애인 실태조사 결과, 전체 장애인 수는 약 214만 명으로 2000년도에 비해 5년 동안 70만 명 정도가 늘어났다. 우리나라 인구 100명 중 4.95명은 장애인인 것으로 조사됐으며, 8가구당 1가구는 장애인 가구에 해당하는 것으로 조사됐다.

　　이렇게 수많은 장애인이 비장애인과 생활하고 있음에도 불구하고 그들을 위한 장애인 의복의 개발이 미흡하고, 장애인을 위한 많은 전문 서적들이 출간되었으나 장애인 의복을 이해하고 도움을 줄 수 있는 체계적으로 정리된 전문 서적이 없는 실정이다. 이러한 상황에서 장애인과 장애인 의복에 관심이 있는 패션관련자, 의류업체들에 도움이 되고자 이 책의 출간을 시도하였다.

　　장애인에게 맞추어 장애 유형에 따라 신체적 편의성을 돕고 유행에 따른 디자인으로 심미적인 만족감을 주어 원만한 사회생활을 도와 장애인의 선택권과 결정권이 존중될 수 있도록 사회의 인식 전환이 필요한 이때 이 책이 출간되는 것은 그 의의가 크다고 본다.

　　이 책은 총 6개의 장으로 구성되어 있다. 제1장은 장애인의 패션 감각을 높이기 위한 디자인 상식을 패션 디자인의 요소와 원리를 통해 설명하였으며, 제2장은 감각적인 장애인을 창조하기 위한 패션 감각과 개성 연출 및 이미지 연출에 대해 다루었다.

　　제3장은 장애 유형별로 필요한 디자인을 알아보고, 얼굴형에 따른 헤어스타일과 체형에 따른 코디네이션으로 나누어 장애인뿐만 아니라 비장애인도 결점을 장점으로 이끌어 낼 수 있도록 하는 패션 감각을 제안하였다.

　　제4장의 아이템별 코디네이션에서는 기본 아이템을 제시한 후 아이템 종류별로 그 활용 방안을 제안하였다. 그리고 액세서리 코디네이션에서는 액세서리별 패션으로 자신만

의 스타일을 만들어가는 과정을 연출하였다.

제5장은 누구나 할 수 있는 패션 소품 만들기에 관한 내용으로 장애인에게 꼭 필요한 소품을 혼자서 만들 수 있도록 제도부터 재단, 봉제까지 자세히 소품별로 과정을 보여 주면서 설명하였다. 또한 장애인의 경제적인 부담을 덜어주면서도 기능성과 패션성을 키울 수 있는 기성복의 '리폼'에 대해서도 다루었다.

제6장은 미국, 영국, 일본 등 외국의 장애인 의복에 대해 설명하면서 우리나라 장애인 의복 개발에 도움을 주고자 하였다. 또한 각 장마다 패션 팁을 제안하여 패션 감각을 기를 수 있는 방안을 제안하였다.

본 책은 패션에 관심이 많은 장애인들뿐만 아니라 일반인은 물론 패션 관련학과 전공자나 패션 전문인이 장애인 패션을 이해하는 데 도움이 되는 내용들을 담고 있다. 패션과 관련된 사람들이 장애인 의복에 대해 제대로 알고 있어야 장애인과 그들의 패션에 대한 이해가 높아져 더 나은 장애인 의복 개발이 이루어질 수 있기 때문이다.

장애인과 의복에 관한 한 권의 책이 나오기까지 헌신의 힘을 바친 사랑하는 제자 이현정·문선정 선생에게 깊은 감사를 표한다. 장애인이나 장애인 의복에 관심이 많은 패션 관련자들에게 보다 나은 자료로 이루어진 책을 제공하기 위해 함께 책을 엮어가면서 많은 노력과 시간을 보냈기에 더 뜻 깊고 훌륭한 자료로 널리 이용될 수 있으리라 기대한다.

스타일화를 그려준 유은옥 선생, 원고와 사진 정리에 도움을 준 장윤선·윤혜원 제자, 그리고 사진 작업에 도움을 준 신윤미에게 깊은 감사의 뜻을 전한다. 이 책이 출판되기까지 애써 주신 (주)교문사의 류제동 사장님과 양계성 상무님, 김재광 영업부장님께 진심으로 감사드리며, 하나님께 깊이 감사드린다. 사랑과 이해로 곁에서 감싸 주고 격려해 준 가족들에게도 고마움을 전한다.

2009년 1월
저자 일동

차 례

CONTENTS

감각적인
패션 스타일 연출

감각적인 패션 스타일 연출

오늘날 디자인은 대중소비사회의 도래에 힘입어 막강한 힘을 과시하고 있다. 패션은 문화와 함께 흘러 디자인되고 있다. 세계화·정보화의 현 시점에서 디자인은 공기와 같은 필수적인 존재이다. 시시각각 변하는 패션에 있어 창조성에 바탕을 둔 좋은 아이디어 창출은 각 사람의 감각에 의해 많은 차이가 나타난다. 같은 재료를 가지고 용도가 같은 물건을 만들 때에도 사람마다 다른 형태가 표현된다. 이러한 개성의 표현은 선천적으로 타고난 소질도 있지만 환경 조건에 따른 감각은 노력에 의해 길러지기도 한다. 스스로의 특성을 잘 알고 이를 적절하게 표현할 줄 아는 능력이 바로 감각적인 패션 스타일 연출의 첫 걸음이다. 이 장에서는 패션 감각을 높이기 위한 기본으로서 패션 디자인의 요소와 원리에 대해 살펴보고자 한다.

감각적인 패션 스타일 연출

1. 패션 디자인의 요소

　평소 옷을 어떻게 입어야 할까 고민이었다면 우선 패션 디자인의 요소와 원리에 대해 배워보자. 이를 통해 한층 세련된 옷차림을 연출할 수 있을 것이다.

　현대는 생활 문화 그 자체가 패션이며, 관련 범위도 확대되고 있다. 예를 들어, 자동차, 가전제품, 식품, 일용품 등에 이르기까지 우리 주변의 모든 디자인이 패션으로 여겨진다.

　패션 디자인에 관련된 요소는 크게 선, 색채, 재질과 문양으로 나눌 수 있으며, 이 요소들은 서로 연관되어 조화로운 디자인을 이루게 된다. 패션 디자인의 요소를 어떻게 활용하는가에 따라 다양한 스타일의 연출이 가능하고 각각의 요소들이 잘 표현될 때 멋진 패션 감각을 지닐 수 있다.

1) 선

　선(line)은 옷의 실루엣을 형성하는 기본 요소로, 패션 디자인의 요소 중에서 가장 자유롭고 다양하게 변화시켜 사용할 수 있으며, 유행에 따라 민감하게 변화하는 선은 종류, 굵기, 방향에 따라 다양한 이미지를 나타낸다.

　선의 종류는 크게 직선과 곡선으로 나누어진다. 직선은 딱딱하고 강한 느낌을 주기 때문에 단순, 명확하고 남성적인 이미지를 표현하는 데 좋으며, 수직선, 수평선, 사선, 지그재그선 등이 포함된다. 수직선은 착시현상을 일으켜 키가 커 보이는 효과가 있는 반면, 수평선은 면을 분할하여 옆으로 퍼져 보이는 느낌을 준다. 따라서 키가 작은 장애인이라면 수직선을 사용한 옷을 입는 것이 좋고, 키가 크고 마른 장애인이라면 수평선이 들어간 옷을 활용하면 좋다.

곡선은 부드럽고 자유스러운 분위기를 연출하는 선으로 원, 타원, 파상선, 와선 등이 여기에 속한다. 곡선의 경우 여성스런 이미지를 주기 때문에 남성복에 비해 여성복이나 아동복에서 많이 이용한다. 평소 딱딱한 이미지로 고민이었던 장애 여성의 경우 원이나 타원 같은 곡선을 이용해 부드러운 여성으로 이미지를 바꿀 수 있고, 자신의 나이보다 나이가 들어 보였다면 다양한 곡선을 이용해 더 어려 보이게 할 수 있다.

2) 색 상

패션 스타일의 연출에 있어 색상(color)의 배색 효과는 매우 중요하다. 패션 디자인에 있어 의복의 선보다 먼저 눈에 띄는 요소인 색채는 효과적으로 사용할 경우 개인의 신체적 외관을 더 아름답게 변화시키기도 한다.

의복에 있어서의 색상은 착용자의 첫 인상을 만들고, 그 사람에 대한 기호나 성격을 반영하며, 연령, 성별, 체형, 직업 등에 따라 선호색도 달라진다. 의복을 구입할 때 자신이 갖고 있는 옷과 어울리는 색상의 옷을 선택하게 되면 좀 더 센스 있는 멋쟁이가 될 수 있다.

색은 단독으로 존재하는 것이 아니라 주변의 색과 조화를 이루면서 존재한다. 즉 인접해 있는 색에 따라 본래의 색과 다르게 보일 수 있으며, 이를 일컬어 색채 대비라고 한다.

일반적으로 색상에서 느끼는 온도감은 자연에서 받는 느낌과 비슷하여 빨강, 주황, 노랑 등은 따뜻한 색으로, 초록, 파랑, 남색은 차가운 색으로 분류된다. 이러한 색상의 온도감은 여름에는 시원한 한색 계통의 의복을 선호하고, 겨울에는 따스한 난색 계통의 의복을 선호하는 것에서 알 수 있다. 따뜻한 색을 좋아하는 사람들은 비교적 외향적이고 환경 적응이 빠르며, 차가운 색을 좋아하는 사람들은 내성적이고 소극적인 경향이 있다. 따라서 내성적인 사람이 따뜻한 색 계통의 옷을 입을 경우 이미지는 물론 성격 변화도 생기게 할 수 있다. 따뜻한 색의 경우 실제보다 크게 보이는 팽창색이고, 차가운 색은 실제보다 작아 보이는 수축색에 속하므로 체형이 작은 장애인은 따뜻한 색을 입어 커 보이게 하고, 체형이 큰 장애인은 차가운 색을 입어 체형을 작아 보이게 할 수도 있다.

색상의 중량감의 경우 색상이 어둡고 명도가 낮은 색상은 무거운 느낌을 주고, 색상이 밝고 명도가 높은 색상은 가벼워 보인다. 따라서 상의는 밝게 하의는 어둡게 입으면 전체적으로 안정된 느낌을 주게 되고, 상의를 어둡게 입고 하의를 밝게 입으면 활동적이고 스포티한 느낌을 줄 수 있다. 자칫 표정이 어두워 보일 수 있는 휠체어 사용자의 경우 상의를 밝게 입으면 표정도 밝아 보이고 보는 이에게 좋은 인상을 줄 수 있다. 상체가 하체에 비해 커서 고민인 장애인이라면 상의를 어두운 색상으로 입고 하의를 좀더 밝게 입어 체형 고민을 해결할 수 있다.

전체적으로 같은 계열의 색상을 입으면 세련미를 주지만, 서로 반대되는 색상을 입으면 활동적인 이미지를 연출한다. 이처럼 색상을 조화시키는 방법에는 유사색 조화와 대비색 조화가 있다.

유사색 조화는 비슷한 색상을 배색하여 입는 방법으로 차분하고 정돈된 인상을 준다. 예를 들면, 초록색과 연두색, 주황과 베이지, 주황과 노랑을 배색해서 입는 것이다. 결혼식이나 졸업식 같은 행사에 입고 갈 옷이 고민인 장애인이라면 상·하의를 같은 색 정장으로 입고 가는 것도 좋지만 마땅한 정장이 없을 때는 갖고 있는 의복 중에서 유사색 조화를 이용해 정장 느낌이 나도록 코디네이션을 해도 세련되어 보일 수 있다.

대비색 조화는 보라색과 연두색을 배색해서 입는 것처럼 짙은 색과 엷은 색, 밝은 색과 어두운 색, 따뜻한 색과 차가운 색 등을 조합해 입음으로써 강렬하면서도 명쾌한 분위기를 만들 수 있다. 평소와 다른 이미지를 연출하고 싶은 장애인은 대비색 조화를 이용해 색다른 느낌을 표현해 보는 것도 좋다.

3) 소 재

옷의 소재(fabric & texture)로는 천연섬유와 합성섬유가 주로 사용되는데, 요즘에는 건강소재나 환경친화성 소재, 기능성 소재 등 첨단 소재의 중요성이 높아짐에 따라 다양한 개발과 함께 의복에 사용되고 있다. 소재에 따라 옷의 분위기가 달라지므로 색상의 조화처럼 소재의 조화도 감각적인 패션 연출에 중요한 부분이다.

일반적으로 동일한 소재를 입을 때는 디자인이나 색상, 아이템 등에서 변화를 주며, 서로 다른 질감이나 무늬의 소재를 입을 때는 색상은 단순하게 하는 것이 바람직하다. 예를 들어, 면으로 된 티셔츠와 바지를 입을 경우 심플한 분위기를 줄 수 있으나 단조로울 수 있으므로 색상에 변화를 주거나 패션 소품을 이용해 포인트를 주는 것이 좋다. 거친 소재와 부드러운 소재, 무늬가 있는 소재와 없는 소재 등 이질적인 느낌의 소재를 잘 섞어 입으면 독특한 패션 감각을 연출할 수 있다.

최근에는 흡한속건 섬유처럼 빠른 시간 내에 땀을 흡수하고 증발시켜 최적의 체온을 유지할 수 있도록 해주는 섬유, 원적외선이 인체에 흡수되면서 신진대사를 높여 혈액순환을 촉진시켜 주는 섬유, 발수성이나 발유성을 부여하는 가공을 통해 얼룩 오염을 제거하기 쉽도록 한 소재, 원단 표면에 발수성과 방수성을 부

여한 소재, 항균 및 방취 소재, 자외선 차단 섬유, 비타민 섬유 등 다양한 기능성 신소재가 개발되면서 장애인뿐만 아니라 비장애인에게도 매우 유용하다.

2. 패션 디자인의 원리

패션 디자인의 궁극적인 목적은 아름다움을 표현하는 데 있다. 아름다움은 선, 색채, 소재가 잘 적용됨으로써 서로 조화를 이룰 때 얻을 수 있다.

패션 디자인을 표현하기 위한 기본 원리에는 비례, 리듬, 균형, 강조, 조화, 착시 등이 있다. 이러한 패션 디자인의 원리를 활용하여 토털 코디네이션을 연출하면 누구나 매력적인 사람이 될 수 있다.

1) 비 례

상의와 하의, 옷과 소품 등 전체적인 코디네이션이 조화를 이루는 데 있어 비례의 원리가 미치는 영향은 크다. 비례(proportion)란 옷의 부분과 부분, 부분과 전체가 길이나 크기에서 조화를 이루는 것을 말하며, 시각적으로 조화롭고 아름다운 비례로는 고대 그리스인이 발견한 이후 현재까지 사용되는 황금비례(golden section)가 많이 사용된다. 황금비례는 짧은 부분과 긴 부분의 길이 비(比)가 긴 부분과 전체의 길이 비와 동일하도록 분할하는 것이다(3 : 5 : 8 : 13 : 21⋯).

비례의 원리는 체형을 고려해서 적용하는 게 좋은데, 예를 들어 키가 작은 장애인이라면 상의는 짧고 하의는 긴 것이 좋은 반면, 키가 큰 장애인은 상의는 길게, 하의는 짧게 입는 것이 좋다. 이렇게 입으면 체형의 결점을 보완해 주기 때문에 스타일 연출에 효과적이다.

2) 리 듬

리듬(rhythm)은 어떤 디자인 요소를 규칙적으로 반복하거나 변화시켜 얻을 수 있는 시각적인 움직임으로써, 일반적으로 보는 사람의 눈길을 한곳에서 다른 곳으로 자연스럽게 이끄는 힘을 지닌다.

대표적인 예로는 직선을 규칙적으로 반복한 줄무늬, 체크무늬 등이 있는데, 이는 쉽게 율동감을 얻을 수 있는 장점이 있지만 변화가 적어 단조로운 느낌을 줄 수도 있다. 한편, 리듬을 이용한 무늬가 있는 옷을 입을 때는 상의와 하의 중 한 가지를 단색으로 하여 너무 산만한 느낌이 들지 않도록 해야 한다.

3) 균 형

인간은 거의 본능적으로 균형(balance)을 추구하며, 인간의 몸은 시각적으로 대칭을 이룬다. 균형이란 좌우나 상하에서 동일한 힘을 유지하는

것으로 형태와 색, 재질의 조합으로 이루어진다. 이러한 시각적인 균형은 크게 대칭 균형과 비대칭 균형으로 구분할 수 있다.

대칭 균형은 상하, 좌우로 시각적인 무게가 같아 안정감 있고 차분한 느낌을 주지만 자칫 단조로워 보이기 쉽다. 의복에서는 좌우의 선이나 색채, 소재가 같고 선의 위치가 중심에서 같은 거리에 놓여 있을 때 대칭을 이룬다.

비대칭 균형은 시각적인 무게는 균형을 이루고 있으나 좌우의 선, 색상, 재질 등이 다르게 사용된 것으로 균형을 이루기가 쉽지 않지만 잘 이루어졌을 때는 예술적인 아름다움을 느끼게 한다. 운동감, 유연성, 부드러움, 세련미 등을 주기 때문에 주로 스포티하거나 드레시한 의복에 많이 적용된다.

4) 강 조

강조(emphasis)는 선이나 실루엣, 색상, 소재 중에서 어느 한 부분을 강조한 것으로 옷차림에서 색상, 패션 소품 등으로 포인트를 주면 강조의 효과가 나타난다. 예를 들어, 검은색 수트를 입을 경우 블라우스는 수트와 비슷한 색상으로 입되 브로치나 목걸이 같은 액세서리의 색상을 다르게 하면 포인트가 될 수 있다.

강조는 시선을 끌어 모으는 역할을 하기 때문에 옷차림에 활력을 부여하며, 어떻게 강조하는가에 따라 개성적인 패션 연출이 가능하다.

5) 조 화

조화(harmony)란 둘 이상의 요소 또는 부분이 서로 조합되거나 대비되었을 때 각각의 요소가 잘 융화되어 통일된 전체로서 아름다움을 만들어 내는 상태이다. 즉 각각의 아이템이 서로 잘 어우러질 때 그 옷차림은 조화로운 인상을 준다.

조화의 방법으로는 유사 조화와 대비 조화가 있으며 유사 조화는 둘 이상의 요소가 같거나 아주 비슷할 때 조화를 이루는 경우를 말한다. 의복에서의 유사 조화는 전체적인 실루엣과 내부의 디테일이 서로 비슷한 성격을 가지고 있을 때 이루어진다. 대비 조화는 둘 이상의 요소가 다른 성격을 띨 때 일어나는 것으로 색상이나 소재 등 이질적인 요소들이 조화를 이루는 경우이다. 의복에서의 대비 조화는 실루엣과 디테일의 대비 조화, 질감, 색상의 대비 조화, 디테일의 크기와 분량의 대비 조화 등이 있으며 개성적인 패션 스타일을 연출할 수 있다.

6) 통 일

통일(unity)은 옷의 색, 무늬, 소재, 실루엣, 디테일 등 각 요소가 서로 조화되어 서로 공통된 성격을 가지고 질서를 이루는 원리를 말한다.

조화를 선, 형, 색, 재질 및 이들의 어울림, 즉 요소 상호관계의 원만함이라고 한다면, 통일은 이들 요소들이 조화되어 나타난 완전한 전체 내지 끝맺음이라고 할 수 있다. 다시 말해, 조화의 많은 조건을 총합한 것이 통일이라고 할 수 있다.

의복의 각 부분에서 디자인 요소가 일관성 있게 사용되지 못하면 의복의 각 부분이 마치 다른 의복에서 떼어다 붙인 것 같은 느낌을 주어 통일된 느낌이나 성격을 찾기 어렵게 된다. 그러나 디자인의 요소의 통일이 반드시 조화를 가져오는 것은 아니다. 즉 통일은 조화를 위한 필요조건이지만 충분조건은 되지 못한다.

7) 착시

인간의 눈은 때때로 착각을 일으키는 수가 있는데 이러한 시각적 착각을 착시(optical illusion)라고 한다. 패션 디자인에 있어 착시 효과는 선과 색채의 변형에 의해 만들어지며, 약점을 보완하거나 본래의 모습을 더욱 매력적으로 보이도록 하는 데에 특히 효과적으로 사용된다.

• 분할의 착시

분할된 것이 분할되지 않은 것보다 크게 보이거나 분할선의 방향이나 간격에 의해서 면적이 다르게 보이는 것을 말한다. 여러 개의 수평선 배열은 수직선의 배열보다 길이를 강조하게 된다.

• 각도의 착시

좁은 각도인 예각은 수직적인 느낌이 강조되면서 냉정하고 예리한 느낌과 스마트함을 전달해 주며, 둔각은 수평적인 느낌이 강조되면서 편안함을 느끼게 한다.

• 대비의 착시

같은 면적이나 길이라도 주위 환경에 의해 그 크기가 달라 보이는 것으로 키가 작은 사람이 큰 사람과 나란히 있으면 한층 작게 보이고, 작은 사람이 큰 모자를 쓰거나 가방을 들고 있으면 더 작아 보이는 것이 그 예라고 할 수 있다.

자신만의 색상을 찾자!
퍼스널 컬러 시스템(Personal Color System)

개인마다 어울리는 색을 진단해 주는 시스템으로 개인이 가지고 있는 고유의 색을 분석하여 어울리는 색을 진단하는 방법이다. 개개인의 신체의 고유 색상인 피부 색, 눈동자 색, 머리카락 색, 두피 색, 손목 안쪽 색 등 신체 피부 색과 자연의 색인 사계절 색을 비교 분석하여 자신에게 가장 잘 어울리는 퍼스널 컬러를 통해 컬러 이미지와 스타일을 제안할 수 있도록 하는 것이다.

또한 내적인 측면(색채치료 : Color Therapy)을 충족시키기 위해 개개인의 색채환경과 라이프 스타일, 색채심리와 건강상태를 분석하여 색채치료를 위한 힐링 컬러로 심신을 치유하는 것으로도 활용할 수 있는 장점이 있다.

퍼스널 컬러 시스템은 봄, 여름, 가을, 겨울의 사계절을 사람에게 적용하여, 그 사람에게 맞는 컬러나 분위기를 나누어 분석한다. 이는 크게 따뜻한(warm) 타입과 차가운(cool) 타입으로 나누어지며, 따뜻한 타입은 다시 봄/가을 타입으로 나누어지고, 차가운 타입은 여름/겨울 타입으로 나누어진다. 봄/가을과 여름/겨울은 깊이의 차이가 있으므로 봄/여름은 가볍고 밝은 느낌이 드는 반면, 가을/겨울은 차분하고 침착한 느낌이 강한 사람에게 어울리는 색상이다.

봄 색

여름 색

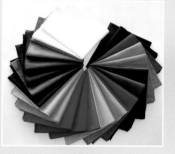

가을 색

겨울 색

패션 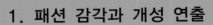 감각 키우기

1. 패션 감각과 개성 연출
2. 패션 스타일과 이미지 연출

패
션
감
각
키
우
기
패
션
감
각
키
우
기

패션은 자기의 표현이다. 패션은 자신의 능력과 자신감을 나타내는 수단으로 활용되기도 하고, 자기 자신을 어떻게 가꾸는가에 따라 전체적인 이미지가 크게 달라질 수 있다. 여성의 전유물로만 여겨지던 패션이 고정관념에서 벗어나 자신을 가꾸고자 하는 남성들과, 패션과는 무관할 것 같던 중년·노년 세대들에게 사랑받고 있다. 또한 비장애인과 다름없이 장애인도 패션에 대한 관심과 자신을 아름답게 꾸미고자 하는 욕구가 크다. 따라서 이 장에서는 패션 감각을 키우는 기본 원칙과 이미지 연출에 대해 알아보고자 한다.

패션 감각 키우기

1. 패션 감각과 개성 연출

주위 사람들로부터 패션 감각이 좋다고 인정받는 사람의 특징은 무엇일까? 옷을 멋있게 입기 위해서는 어떻게 해야 할까? 다음의 사항을 점검해 보면 패션 스타일을 만들기가 훨씬 수월해질 것이다.

1) 체형 파악하기

멋진 스타일을 연출하기 위해서는 먼저 자신의 체형을 파악하는 것이 중요하다. 왜냐하면 어떤 체형인지를 알아야 결점을 보완하고 장점을 강조하는 패션 연출이 가능하기 때문이다. 어떤 체형이든 그것은 큰 문제가 안 된다. 옷차림을 변화시켜 균형 있는 멋진 몸매로 보일 수 있게 할 수 있기 때문이다. 체형 파악을 통해 자신에게 어울리는 패션을 연출한다면 체형상의 결점은 감추어지기 마련이다.

우선 몸에 착 달라붙는 옷을 입고 전신거울 앞에 서서 자신의 몸매를 자세히 관찰해 본다. 거울에 비친 모습을 그려 몸과 가슴, 허리, 힙, 다리, 팔 등의 치수를 메모하여 일일이 기록하면서 자신의 결점과 장점을 파악해 둔다. 장점은 살리고 자신의 결점은 보완해 오히려 개성을 살릴 수 있다.

▶▶ 패션 감각을 키우고 개성을 표현하기 위해서는 먼저 자신의 체형에 대한 정확한 이해가 필요하다.

2) 옷장 정리하기

옷장 정리하기는 패션 연출의 기본이다. 옷이 많으면서도 입을 옷이 없다고 불평하는 사람이 있는 반면에, 실제로 옷가지는 적지만 다양하고 새로운 스타일을 연출하는 사람도 많다. 이들의 차이점은 옷을 잘 입을 줄 아는 패션 감각이나 필요 없는 옷은 구입하지 않는 계획성 있는 쇼핑에서 나타난다.

평소 옷장을 정리해 두는 습관을 길러 자신의 옷장 안에 어떤 옷이 있고, 부족한 아이템이 무엇인지, 앞으로 어떤 아이템을 구입해야 할 것인지 등을 점검해 두어야 한다. 옷장 정리는 스타일 만들기의 기본으로서 충동구매를 줄이고 계획구매를 할 수 있도록 하여 경제적인 면에서도 도움이 될 수 있다.

3) 자기만의 개성 연출하기

자기만의 독특한 이미지를 잘 살린 사람들을 보고 개성적이라고 말한다. 예전에는 얼굴이 예쁘게 생기고, 잘생긴 사람들을 선호하였지만 최근에는 못생겨도 개성 있는 사람들을 선호한다. 이는 인기 있는 연예인들을 살펴봐도 알 수 있다.

그렇다면 어떻게 입는 것이 개성적인 옷차림일까? 개성을 표현하는 데 어떤 특별한 기준이 있는 것은 아니기 때문에 개성에 대해 한 마디로 설명하기는 힘들다. 하지만 평범한 옷차림에서 벗어나 전체적으로 조화를 이루면서 자기만의 특성을 나타낸다면 개성 있는 연출이 가능하다. 머리끝부터 발끝까지 유행 아이템으로만 장식한다고 해서 멋쟁이가 되거나 개성 연출이 되는 것은 아니다. 유행을 너무 무시해도 세련되지 못한 느낌을 주므로 유행 아이템을 적절하게 조화시켜 입는 패션 감각도 필요하다. 패션 연출을 할 때 자기만의 스타일을 가지고 있다면 얼마든지 개성 연출이 가능하다.

2. 패션 스타일과 이미지 연출

옷은 내면의 표출이다.

내면과 외면이 조화를 이루는 옷차림은 당당한 자신감을 나타낼 수 있으며, 자신만의 패션 스타일을 만들어 가는 과정은 하루 아침에 이루어지는 것이 아니라 꾸준히 노력함으로써 가능하다.

개인이 추구하는 가치관이나 목표의식, 성격 등이 복합적으로 작용하여 외적으로 표출될 때 패션 스타일은 모양을 갖추게 된다. 외모를 가꾸거나 패션에 신경을 쓰는 것도 중요하지만 내면의 세계도 소중히 해야 진정한 의미의 스타일을 갖추었다고 할 수 있다.

지위나 사회계층, 직업 등 외적인 환경 역시 패션으로 나타낼 수 있다. 학생인지, 직장인인지, 사업가인지 등을 알고 싶다면 그 사람이 입은 옷을 보면 된다. 이때 외적인 상황에 맞게 멋진 스타일을 연출하고 있다면 훨씬 좋은 인상을 줄 수 있다.

자신만의 패션 스타일을 갖는다는 것은 무작정 유행을 추구하거나 무시하는 것과는 다르며, 내면과 외면이 조화를 이룰 때 비로소 완성된다. 그러므로 현재 자신이 추구하는 스타일이 무엇인지를 생각해 본 다음 이에 맞는 패션을 연출하도록 노력해야 한다.

이미지에 있어서도 타인이 만든 이미지가 아니라 자기 자신이 만든 이미지가 있어야 한다. 각자가 자신을 어떻게 가꾸는가에 따라 다른 사람이 인식하는 내가 달라지며, 자기 이미지 연출은 현대를 사는 모든 사람들에게 매우 중요하다.

자신이 보이고 싶은 이미지를 효과적으로 연출하려면 어떻게 해야 할까?

우선 자신에게 어울리는 스타일을 찾아야 한다. 개인마다 어울리는 스타일과

그렇지 않은 스타일이 있으며, 자신에게 어울리는 스타일을 적절히 연출할 줄 아는 패션 센스를 키워야 한다. 자신에게 어울리는 여러 가지 스타일을 다양하게 시도해 보려는 노력을 하고 작은 것에서부터 변화를 시도하려는 용기가 필요하다.

연예인들이 이상적인 모델로 되면서 자신이 뚱뚱하다고 생각하고 다이어트에 열중하는 사람들이 많다. 하지만 짧은 시간에 살을 빼거나 체형을 바꾸는 데는 한계가 있다. 이보다는 자신의 체형을 정확히 파악하고 이에 적절한 패션 감각을 키워 자신에게 어울리는 옷차림을 연출하는 것이 효과적이다. 체형뿐만 아니라 얼굴형, 어깨의 형태, 가슴, 허리, 힙 등의 특징을 파악하고 자신을 객관화시킬 줄 아는 노력이 필요하다. 자신을 객관화한 다음 자신만의 매력 포인트를 찾고 콤플렉스를 감추려고만 하지 말고 오히려 개성으로 살리는 것이 필요하다.

쇼핑 노하우

브랜드가 넘쳐나고 다양한 정보들이 쏟아지면서 소비자들은 다양한 제품들 앞에서 쇼핑의 폭이 넓어진 만큼 선택의 어려움도 커졌다. 쇼핑 시 염두에 두어야 할 사항을 알아보자.

1. 가장 중요한 것은 자신에게 어울리는 것을 선택하는 것이다

자신의 이미지와 체형에 맞는 의복을 구입한다는 것은 쉬운 일이 아니지만 시간과 노력을 투자하여 자신에게 가장 잘 어울리는 색상과 디자인을 파악해 두어야 한다.

2. 쇼핑하기 전에 필요한 것을 미리 체크해 둔다

자신이 가지고 있는 아이템과 매치시킬 옷이나 액세서리 등을 미리 파악하고 쇼핑한다면 충동구매도 줄일 수 있고 필요한 것을 싸게 구입할 수 있다. 멀티 코디네이션이 가능한 아이템을 구입하는 것이 가장 좋은 방법이다.

3. 의복의 할부상환가치를 따져 본다

30만 원하는 재킷을 버릴 때까지 30번 입는다면 이 재킷의 상환가치는 1만 원, 5만 원 주고 산 스커트를 2번밖에 입지 못했다면 이 스커트의 상환가치는 2만 5천 원이므로 가격을 떠나서 구입할 옷을 얼마나 자주 오래 입을 수 있을지 판단하는 것이 쇼핑의 포인트이다.

4. 유행하는 아이템은 이너웨어나 소품으로 활용한다

유행하는 스타일은 현재는 예뻐 보일 수 있지만 시간이 지날수록 그 가치는 사라지게 되므로 유행 아이템은 이너웨어나 액세서리로 포인트 코디네이션에 활용한다.

5. 오래 입을 옷은 디자인보다는 소재에 포인트를 둔다

3년 이상 입을 옷을 선택한다면 좋은 소재이면서 유행에 민감하지 않은 클래식한 아이템, 색상을 베이직한 것으로 선택한다.

CHAPTER 3

패션
코디네이션

1. 장애 유형별 디자인
2. 체형에 따른 코디네이션
3. 얼굴형에 따른 헤어 스타일

장애인들은 장애의 부위와 정도가 매우 다양하므로 가벼운 장애를 지닌 경우에는 일반인의 의복을 착용할 수 있으나 그렇지 못한 경우에는 현실적으로 장애인의 의복을 기성복으로 구매한다는 것이 불가능하다. 따라서 맞추어 입거나 기성복을 수선하여 입어야 하므로 장애인들에게 의복의 코디네이션은 제한될 수밖에 없는 것이 현 실정이다. 이러한 장애인들에게 코디네이션이란 입고 벗기에도 편하고 미적으로도 아름다워야 하므로 쉬운 일이 아니다. 그러므로 장애 유형별로 필요한 아이템에 대해 알아보고 이를 활용하여 코디네이션하는 것이 바람직하다.

체형별 코디네이션의 가장 궁극적인 목표는 각자의 매력을 최대한 이끌어 내는 데 있으므로 모든 불만을 완벽하게 해소하기보다는 가장 커다란 불만을 약화시킬 수 있는 코디네이션으로 자신의 개성을 표현하는 것이 중요하다.

또한 사람에 따라 체형만큼 얼굴형도 다양하므로 그에 따른 헤어 스타일, 의복의 네크라인도 달라지기 때문에 고민이 되는 얼굴형에 따라 가장 어울리는 헤어 스타일과 네크라인을 찾는 것이 중요하다. 체형에 있어서는 일반인들과 장애인들의 차이가 있지만 얼굴형의 경우에는 일반인들과 다를 바 없기 때문에 자신의 얼굴형에서 빈약한 부분에는 머리 볼륨감을 살리고, 튀어 나온 부분은 줄이는 것을 염두에 두고 헤어 스타일을 연출해 보자.

패션 코디네이션

1. 장애 유형별 디자인

　장애인들은 장애 유형에 따라 신체 치수가 다르므로 어떤 한 가지 아이템으로 모든 장애인을 만족시킨다는 것은 힘든 일이다. 그러나 아름답고 멋있는 의생활을 하고 싶은 욕구는 장애 유무를 떠나 모든 사람이 가지고 있으므로 장애인 의복의 경우에는 기능적인 면과 더불어 장애인에게 정서적인 만족감을 줄 수 있도록 색상과 디자인, 소재 모두에 있어 일반인들과 동화될 수 있어야 할 것이다.

　의복은 인간의 육체적 · 정신적 발달을 고려하여 사회적 · 정신적 욕구를 만족시켜 주고, 또한 스스로 착용할 수 있어야 한다. 그러므로 장애인들이 스스로 옷을 입고 벗을 수 있는 능력이 있을 때 여기서부터 성취감과 자부심을 느낄 수 있으며 독립적인 생활을 하는 시작점이 된다.

　장애인 의복의 코디네이션은 장애 부위 및 그 정도가 다양하고 포괄적이어서 개개인의 장애 정도, 기능 그리고 형태적인 특성을 모두 고려하여 제시하기에는 어려움이 있으므로 그 범위를 축소하여 장애인들이 주로 사용하는 휠체어, 목발, 부목, 의족, 의수 등 보장구를 중심으로 장애인들의 의복에 대해 살펴보도록 하겠다.

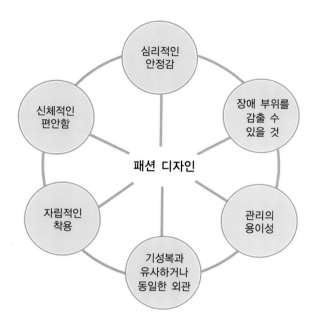

심리적인
안정감

신체적인
편안함

장애 부위를
감출 수
있을 것

패션 디자인

자립적인
착용

관리의
용이성

기성복과
유사하거나
동일한 외관

▶▶ 장애인을 위한 의복 디자인의 요구조건

1) 휠체어를 사용하는 장애인

휠체어를 사용하는 장애인은 대부분 앉은 자세에서 생활하기 때문에 앉은 상태에서의 편안함과 의복을 착용한 상태의 외모가 중요시 된다. 휠체어를 사용하는 지체장애인은 오랜 좌식 생활로 인해 상체의 둘레 부분과 허벅지둘레의 사이즈가 증가하고 무릎을 구부린 상태로 생활을 하기 때문에 일반 기성복 바지를 착용했을 때 무릎 부분이 당겨서 쉽게 피로감을 느끼며, 뒤쪽 밑위가 짧아 허리 뒷부분이 드러나게 된다. 또한 어깨의 경사도가 작고 몸체가 앞으로 굽은 체형으로 등길이와 어깨길이는 넓고 앞중심이 짧아지므로 이에 맞는 디자인이 필요하다.

상의는 앉은 자세에서 활동의 자유 및 안락감을 주고, 이동 시 휠체어를 돌리기 수월하게 하기 위해서는 상의의 어깨와 가슴 부분에 충분한 여유가 필요하다. 그러므로 뒷중심에 맞주름을 잡거나 뒷판에 요크를 달고 개더로 처리된 디자인

이 좋다. 또한 소매는 휠체어를 움직일 때 불편하지 않게 하기 위해 충분히 넓어
야 하며 소매부리가 조여지지 않아야 한다.

▶▶ 진동둘레와 소매둘레를 크게 만들어
활동의 편리함을 준 점퍼

▶▶ 일반 기성복과 다름없어 보이기 위해 뒤요크선에 두 개의 콘실지퍼를 달아 휠체어에 앉았을 때 품
이 넉넉하도록 디자인된 재킷

▶▶ 뒷중심을 콘실지퍼로 처리하여 팔의 활동이 불편한 일반 재킷의 활동성을 높였으며, 칼라와 소매
끝 부분의 탈부착이 가능하여 오염 시 세탁할 수 있도록 편리하게 디자인된 재킷

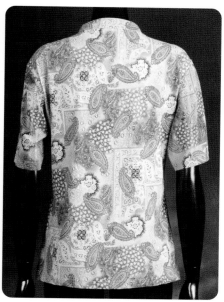

▶▶ 진동둘레와 소매둘레를 넓게 디자인하여 휠
(wheel)을 돌릴 때 활동에 편리함을 준 티
셔츠

하의는 뒤허리선을 높게 디자인하여 앉았을 때 뒤허리가 드러나지 않도록 하고, 휠체어에 앉았을 때의 수납을 편하게 하기 위한 디자인도 필요하다. 또한 앞모습은 일반 기성복처럼 보이지만 뒤 허리는 고무밴드로 처리하여 활동하기 편리하도록 한다.

 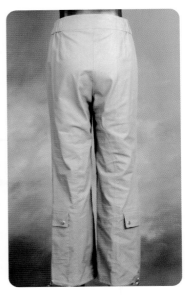

▶▶ 무릎을 굽히고 오래 앉아 있어도 불편하지 않도록 3D 입체주름을 무릎 부분에 디자인하였으며, 종아리 부분 양쪽에 주머니를 달아 수납을 편리하게 하고, 허리 옆선의 고무줄 처리로 입고 벗기 편하도록 디자인하였다. 바지 뒤허리 부분을 높이고 앞길이를 짧게 하여 앉았을 때 뒤허리가 드러나지 않도록 하였다.

▶▶ 활동의 편리함을 위해 정면은 청바지처럼 보이지만 옆과 뒤는 면스판으로 처리하여 기능성을 높인
바지로서 휠체어에 앉았을 때의 착용성을 높인 디자인이다.

2) 목발을 사용하는 장애인

목발을 사용하는 지체장애인은 목발의 사용으로 팔의 동작이 자유롭지 못하고 겨드랑이 부위가 당겨 올라가므로, 이를 보완하기 위해 상의의 경우 기능성 있는 여밈 장치와 운동 분량을 고려한 여유 있고 팔의 동작이 용이한 디자인이 필요하다. 목발을 가장 많이 사용하는 편마비 장애인들은 좌우 비대칭으로 인해 외관상 부자연스러운 점이 있으므로 결점을 보완할 필요가 있다. 이러한 좌우의 차이를 최소화할 수 있는 디자인으로 비정상적인 디자인의 경우는 오히려 장애를 더 강조할 수 있으므로 기존에 많이 사용하는 디자인을 고려하여 착시 효과를 활용, 결점을 보완하는 것이 바람직할 것이다.

상의의 경우에는 목발의 사용으로 인해 목발을 잡고 보행하거나 동작을 할 때 팔꿈치가 굽어지므로 활동과 동작을 고려하여 소매 뒤 부분은 여유 있는 주름으로 디자인된 의복을 선택하거나 래글런 소매, 기모노 소매를 활용하여 기능성과 심미성을 높인 의복을 선택하는 것이 좋다. 또한 겨드랑이 부분이 잘 헤지는 경향이 있으므로 겨드랑이 부위에 덧단을 대거나 무를 두 겹으로 처리하여 기능성을 높인 디자인이 좋다. 장시간 목발을 사용하는 경우 겨드랑이에 땀이 고이므로 흡습성이 좋은 면을 이용해 목발 커버를 만들거나 겨드랑이 부분에 압력이 가해서 피곤함을 느끼기 쉬우므로 패드를 탈·부착할 수 있도록 디자인된 의복이 효과적이다.

또한 목발에 의복이 당겨서 앞여밈이 벌어지거나 겨드랑이 밑의 옷자락이 올라가서 옷이 뒤틀리는 경우가 생기므로 앞여밈에 여유분이 있는 옷이 적당할 것이다.

하의의 경우에는 팬츠의 길이가 너무 길면 활동에 불편함을 주므로 발목길이 정도가 적당하며, 양쪽 옆선을 허리부터 지퍼를 이용해 트임을 주고 고무밴드나 지퍼를 이용해 이중으로 여밈 장치를 하면 팬츠의 탈·부착이 쉬우면서 서 있는 상태에서도 지퍼를 내렸을 때 팬츠가 흘러 내리지 않는다. 또한 목발을 사용하여 이동하여야 하므로 수납을 고려한 디자인도 필요하다.

▶▶ 목발 사용으로 인해 겨드랑이 부분이 당기지 않도록 진동둘레를 여유 있게 넓히고, 니트 소매를 사용하여 위팔둘레의 당김없
이 활동하기 편한 디자인

▶▶ 소매 부분은 스냅단추를 활용하여 탈·부착이 가능하게 디자인하였으며, 목발 사용 시 팔 부분의 움직임이 편하도록 기모노
소매로 디자인하여 활동성을 높인 카디건

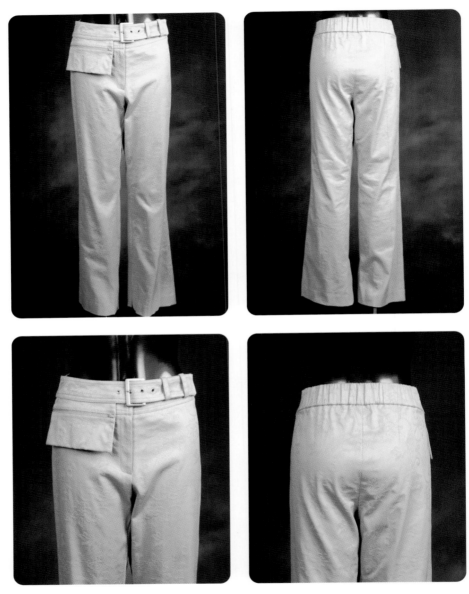

▶▶ 허리벨트에 수납을 할 수 있는 주머니를 달아서 기능성과 패션성을 겸한 팬츠로 옆선 양옆에 트임
을 주고, 뒤허리선에 고무줄 처리하여 입고 벗기에도 편하게 디자인하였다.

3) 부목이나 의족, 의수를 사용하는 장애인

　부목과 의족, 의수를 사용하는 장애인은 소매나 팬츠의 무릎 부위가 브레이스나 의족, 의수와 닿는 부분의 마모를 방지하기 위해 소매통이나 바지통에 충분한 여유를 주거나 내구성이 강한 소재 또는 다른 소재를 덧대어 디자인하는 것이 좋다. 또한 브레이스가 겉으로 드러나지 않는 것이 좋으므로 팬츠 옆선에 지퍼나 벨크로 처리를 하여 브레이스 위에 팬츠의 착용을 쉽게 할 수 있도록 디자인되어야 할 것이다.

　또한 의족과 의수의 탈착이 용이하도록 의복 디자인에서 탈·부착 가능한 디자인이나 신축성이 좋은 소재를 사용한 의복이 좋다.

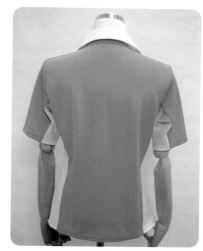

▶▶ 입고 벗기에 편리하도록 앞목
　　둘레선과 옆선에 지퍼 처리를
　　하여 실용성을 높인 티셔츠

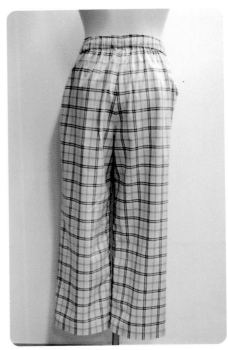

▶▶ 의족의 탈착이 용이하도록 밑단을 스냅 처리
하고 통을 넓게 디자인한 팬츠

▶▶ 상의는 의수를 착용하는 장애인이나 뇌성마비자가 입고 벗기 편하도록 목부터 손목까지 스냅을 달아 주었다. 하의는 의족이 나 브레이스를 착용하였을 때 탈·부착이 쉽도록 바지통을 넓게 디자인하였으며, 팬츠 허리 부분에 신축성이 좋은 소재를 사 용하여 입고 벗기에도 편리하며 착용성도 높였다. 상·하의 모두 양쪽 옆선에 야광 테이프를 달아 장식성과 안전성을 높여 디자인한 트레이닝복

또한 니트웨어는 신축성이 풍부하고 촉감이 부드러워 몸을 편안하게 하며, 함기성(含氣性)이 커서 보온에 좋고, 잘 구겨지지 않아서 다림질할 필요가 없는 등 여러 가지 장점을 지녀 장애인들에게 애용되는 아이템이므로 니트 소재를 활용한 디자인도 효과적이다.

▶▶ 기존의 니트에서 볼 수 없는 디자인으로 차별화시켜 입고 벗기 편하도록 앞중심을 지퍼 처리하였으며, 의수 착용 장애인들을 위해 소매를 떼였다 붙일 수 있도록 디자인한 니트 카디건

▶▶ 앞중심에 지퍼 처리한 후 장식단추로 마무리하여 일반 니트 블라우스처럼 보이면서 손이 불편한 장애인의
　　경우에도 사용이 편리하고 여밈이 용이하도록 디자인한 니트 카디건

휠체어 장애인을 제외한 대부분의 지체장애인들은 의복을 입고 벗을 때 양손의 사용이 용이하지 않으므로 부자재를 활용하여 도움을 주는 것이 필요한데, 가장 쉽게 다룰 수 있는 것은 벨크로와 지퍼이므로 디자인할 때 적극적으로 활용하는 것이 좋다. 그러므로 장애인 의복의 경우 지퍼나 벨크로로 여밈 처리하고, 그 위에 장식단추를 달아 일반 기성복과 다름 없이 디자인성을 높이는 것도 효과적인 방법일 것이다.

2. 체형에 따른 코디네이션

시즌마다 트렌드가 바뀌고 그에 따른 다양한 의복들이 매장에 쏟아진다. 유행하는 디자인이고 컬러라고 해서 무조건 모두 좋아하는 것은 바람직한 스타일링이 아니다. 유행에 민감해 그 유행을 따르다 보면 어느새 옷만 남아있고 자신의 모습은 찾아볼 수 없게 되므로, 나 자신에게 가장 어울리는 이미지를 찾아 그에 맞는 통일된 코디네이션을 하는 것이 필요하다. 무엇보다 옷과 사람이 하나가 되는 스타일링이 중요하므로, 좋은 옷차림이란 의복만이 멋있게 보이는 것이 아니라 자신만의 개성을 이끌어 내도록 연출하는 것이다. 체형도 개개인의 개성이라고 할 수 있으므로 코디네이션에 있어서 가장 중요한 요소는 자신감이다. 아무리 비싸고 좋은 옷을 입었다고 해도 어깨를 움츠리고 고개 숙이고 있으면 좋은 이미지를 전달하지 못한다. 이 옷은 내게 가장 어울리는 옷이라는 믿음과 자신감이 가장 중요하므로 신체적 불편함을 보완할 수 있는 기능적인 측면과 아름다움을 연출할 수 있는 미적 측면을 고려하여 코디네이션하는 것이 필요하다.

체형은 건강과도 밀접한 관련이 있어 사람들마다 관심이 높은 부분이다. 시대마다 개인마다 이상적으로 생각하는 체형이 변하고 있지만 최근에는 남성이나 여성 모두 키는 커 보이고 몸은 슬림해 보이는 것을 선호한다. 사람의 체형은 개인마다 각기 다른 특성을 지니고 있으므로 타고난 신체적인 조건이나 장애 부위를 갑자기 변화시키는 것은 쉬운 일이 아니므로 옷차림으로 변화를 주는 방법이 좋을 것이다.

그렇다면 자신의 체형의 장점을 강조하면서 단점을 보완할 수 있는 옷차림이란 어떤 것일까? 체형에 따른 코디네이션 방법이 특별이 규정되어 있는 것은 아니지만 조그만 변화로 결점을 보완해 주는 패션은 사회생활에서 당당한 자신감을 갖도록 할 것이다.

1) 전체적인 체형

(1) 키가 큰 체형

큰 키는 대다수 사람들의 희망사항이지만 키가 너무 큰 경우라면 시선을 가로로 분리하거나 가능한 아래쪽을 향하게 하여 더 길어 보이지 않도록 하는 것이

▶▶ 허리 부분에서 시선이 끊어질 수 있도록 상하의 다른 색상으로 연출하거나 벨트를 활용하여 코디네이션한다.

중요하다. 키가 크고 허리에 균형이 잡혔다면 옷과 대비되는 색상의 벨트를 사용하여 시선을 가로로 이동시키는 것도 좋은 방법이다. 진한 색의 상의에 연한 색의 하의를 입어 위쪽에 무게를 두게 연출하는 것이 효과적이며, 하의에 볼륨감을 강조하거나 하의 밑단이나 신발에 액센트를 주어 시선을 낮추어 주는 것도 좋다. 키가 큰 체형의 경우 상하의 모두 동일한 색상의 수트를 착용하면 자칫 키도 더 커 보이지만 딱딱해 보일 수 있으므로 색상은 동일하게 선택하더라도 소재를 달리하여 자연스럽게 시선을 분리시켜 주는 것이 바람직한 코디네이션 방법이다.

(2) 키가 작은 체형

키가 작은 체형은 시선을 가능한 위로 유도하는 것이 효과적이므로 목이나 칼

▶▶ 시선이 위에서 아래로 이동하도록 모자나 코사지 같은 액세서리를 활용하거나 재킷의 라펠 끝 색상을 달리하는 등 얼굴 주변에 강조점을 둔 디자인을 선택한다. 또한 세로로 된 선이 디자인되어 있어도 키가 커 보일 수 있으므로 세로선을 활용한 디자인이 좋다.

라, 얼굴 주변에 액센트를 주어 시선을 위로 유도한다. 또한 디자인이 복잡하면 그만큼 면적을 분할하게 되어 키가 더 작아 보이므로 미니멀한 스타일, 즉 전체적으로 단순하고 깨끗한 선의 디자인이 더 잘 어울린다. 세로로 시선을 움직이게 하는 것이 키를 커 보이게 하므로 넥타이나 머플러를 효과적으로 활용하여 시선을 길이 방향으로 유도하여 길게 보이도록 한다.

키가 작은 체형의 코디네이션 포인트는 상·하의를 동일한 색으로 통일하는 것은 물론 의상과 스타킹, 구두 등 전체적으로 색상을 동일하게 하는 것이 좋다. 색상을 다르게 코디네이션하고 싶다면 상·하의 적정비율을 4 : 6으로 하는 것이 좋으며, 이렇게 연출하는 것이 키도 커 보이고 날씬하게 보인다.

▶▶ 키가 작은 체형의 경우에는 상하의 동일한 색상으로 입는 것이 좋으며, 얼굴 주변에 포인트를 주는 것이 키가 커 보인다. 재킷의 길이가 너무 길면 키가 작아 보이므로 롱 재킷보다는 짧은 길이의 재킷을 활용하는 것이 좋다.

(3) 뚱뚱한 체형

　뚱뚱한 체형은 귀여운 이미지를 줄 수 있는 반면 자칫 잘못하면 둔해 보이므로 코디네이션에 특별히 주의할 필요가 있다. 먼저 세로선을 활용하여 전체적으로 길이 효과를 연출하여 키가 커 보이도록 하거나 재킷의 안에 입는 이너웨어와 하의를 통일시켜 세로선을 강조하면 보다 슬림하게 보일 수 있다. 색상은 블랙이나 그레이와 같은 짙은 색상을 활용하는 것이 효과적이며, 명도가 밝거나 무늬 있는 옷을 겉옷으로 착용하면 더욱 뚱뚱해 보이므로 무늬 있는 옷을 활용하고 싶다면 이너웨어나 포인트 코디네이션에서 이를 활용하는 것이 좋다. 뚱뚱한 체형이 코디네이션에서 주의해야 할 대표적 요소는 옷감의 소재인데, 광택이 나거나 두껍거나 프릴, 레이스, 러플 등 볼륨감을 유발할 수 있는 소재는 자신의 체형보다 확대되어 보이므로 피하는 것이 좋다. 그러나 너무 체형에만 신경을 써서 무늬도

▶▶ 솔리드 색상보다 무늬 있는 옷이 뚱뚱해 보이며, 베이지와 같은 밝은 색상의 옷은 어두운 검은 색상의 옷보다 뚱뚱하게 보이면서 시선도 집중시키므로 피하는 것이 좋다.

없고 특징 없는 밋밋한 스타일은 뚱뚱함을 더욱 강조하므로 다양한 요소들을 활용하여 결점으로부터 시선을 이동시키는 것이 보다 센스 있는 코디네이션이 될 것이다.

(4) 마른 체형

마른 체형은 전체적으로 가늘고 직선적인 이미지로서 날카롭고 예민해 보이는 것이 단점이다. 여성들에게 있어서는 누구나 선망하는 체형이지만 너무 말랐다면 스타일링에서 예민하고 빈약해 보여 좋은 이미지를 전달할 수가 없다. 특히 남성의 경우에는 샤프한 이미지를 전달하여 이지적으로 보일 수도 있지만 허약하게 보여 남성다움이 느껴지지 않는 체형이므로 코디네이션을 통해 보다 부드럽고 세련되게 연출할 필요가 있다. 마른 체형은 가로 방향의 착시를 이용하는

▶▶ 칼라의 크기가 크면 어깨가 넓어 보이며, 가로로 길게 디자인된 선이 있으면 시선이 가로로 연장되어 보이므로 어깨도 넓어 보이면서 마른 체형을 커버해 준다.

것이 좋은데, 디테일에서 라펠과 어깨는 넓은 것이 좋으며 어깨는 각진 것이 마른 체형을 커버하는 데 효과적이다. 무엇보다 색상과 무늬의 선택이 중요하므로 밝은 파스텔 계열의 색상 그리고 대담하고 큰 무늬가 적당하며, 소재는 볼륨감을 줄 수 있는 두꺼운 천을 사용하는 것이 체형을 커버하는 데 효과적이다.

코디네이션할 때에도 여러 가지 스타일을 믹스해 레이어드 스타일로 연출하면 마른 체형을 커버하는 데도 효과적이며 세련되게 보일 수 있을 것이다. 즉, 레이어드 코디네이션 방법을 활용하면 효과적인데, 예를 들어 니트(knit) 재질의 경우 마른 체형이 입으면 더욱 말라 보이므로 이너웨어로 셔츠를 레이어드하여 입으면 니트와 레이어드의 볼륨감으로 시각적 착시를 일으켜 효과적으로 연출할 수 있다.

▶▶ 마른 체형의 경우는 솔리드로 된 어두운 색상을 입으면 전체적으로 이미지가 빈약해 보이므로 무늬가 있거나 밝은 색상의 옷이 훨씬 볼륨감 있어 보인다.

tip*

키가 커 보이는 코디네이트 공식

1. 상의에 포인트를 주어 시선을 위쪽으로 끌어올린다
시선이 위에 머물면 위에서부터 아래로 시선이 이동하여 세로 효과를 주므로 키가 커 보이게 된다. 포인트 코디네이션을 활용하여 목걸이, 머플러, 넥타이 등으로 목둘레 주변에 강조점을 두어 시선을 위로 유도한다.

2. 세로선을 강조하거나 하이 웨이스트로 입는다
머플러를 길게 늘어뜨리거나 세로로 된 무늬가 있는 옷차림을 하면 세로선이 강조되어 시선이 위아래로 움직이므로 키가 커 보인다. 하이 웨이스트로 디자인된 옷을 입으면 시선이 위쪽으로 모여 역시 키가 커 보이게 된다.

3. 상의는 짧게 하의는 길게 입는다
상의를 짧게 입고 하의를 길게 입으면 다리도 길어 보이고 키도 커 보인다. 반면 상의를 길게 입으면 다리가 짧아 보여 키도 역시 작아 보이게 된다.

4. 하의와 신발의 컬러를 통일시킨다
시선을 분할하는 가로선이 많아지면 시선이 끊어지므로 키가 작아 보인다. 하의와 신발의 색을 통일시키면 시선이 연장되어 키가 커 보인다. 팬츠보다는 스커트가 키를 더 작아 보이게 하므로 스커트를 입을 때는 스타킹과 신발의 컬러를 맞춰 시선이 끊어지지 않게 연출하는 것이 효과적이다.

5. 상의와 하의를 같은 톤으로 연출한다
상·하의를 같은 색으로 몸에 꼭 맞게 연출하여 직선적인 느낌을 준다. 재킷 안에 입는 이너웨어와 하의를 진한 색으로 통일시키면 세로선을 강조하게 되어 슬림하고 키가 커 보인다.

6. 착시현상을 활용한다
가로로 된 줄무늬를 활용하면 시선이 세로로 이동하여 길이가 길어 보이는 효과가 있는 반면, 세로로 된 줄무늬의 옷을 입으면 뚱뚱해 보이게 된다.

2) 부분적 체형

(1) 상체 비만형

상체 비만형은 하체가 슬림하더라도 전체적으로 뚱뚱해 보이므로 주의해서 코디네이션하여야 한다. 상·하의의 색상과 소재를 다르게 연출하는 것이 좋으며, 검정이나 짙은 톤의 라운드나 V 네크라인의 상의와 밝은 톤의 하의를 입는 것이 효과적이다. 상의는 무늬가 있거나 밝고 화사한 색보다는 어두운 색으로 진하게 연출하고, 두꺼운 소재의 하의를 입어서 하체를 풍성하게 보이도록 하면 상체가 축소되어 보인다. 코디네이션할 때 상의에 시선이 쏠리지 않도록 하며 광택 있는 소재나 프릴, 레이스, 러플 등 볼륨감을 줄 수 있는 소재들을 상의에 활용하는 것은 피해야 할 것이다.

▶▶ 같은 색상의 팬츠 위에 밝은 색 상의와 블랙의 어두운 색 상의를 착용했을 때를 비교해 보면 어두운 색상의 상의가 훨씬 더 슬림해 보인다.

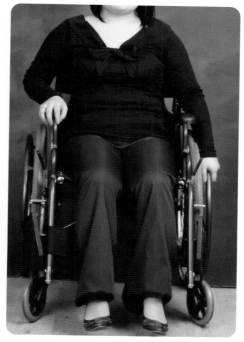

▶▶ 상의 색상이 밝으면
서 러플이나 레이스
같이 볼륨감을 주는
디자인의 의복을 착
용했을 때보다 어두
운 색상의 의복을 착
용했을 때가 훨씬 더
슬림해 보인다.

▶▶ 색상이 밝고 볼륨 있
는 재킷이나 통바지
보다 여유 있게 맞는
어두운 톤의 디자인
이 훨씬 더 날씬해 보
인다.

▶▶ 소매 부분이 퍼프 소매로 디자인되어
어깨가 풍성해 보일 수 있다.

(2) 상체가 마른 체형

상체가 마른 체형은 여성의 경우 볼륨감이 없어서 중성적 이미지로 보일 수 있으며, 남성의 경우는 빈약해 보여 남성다움이 부족하게 느껴진다. 그러므로 상의에 볼륨감을 줄 수 있는 디자인을 선택하는 것이 좋은데, 여성의 경우에는 프릴이나 개더, 핀턱같은 디테일이 가미된 스타일이 풍성해 보일 수 있으므로 효과적이다. 반면, 남성의 경우에는 재킷과 같이 형태가 안정적인 아이템을 선택하는 것이 좋다. 색상은 밝은 파스텔 계열, 그리고 대담하고 큰 무늬가 프린트된 것으로, 소재는 볼륨감을 줄 수 있는 약간 두꺼운 천을 고르는 것이 좋고, 유행과 관계 없이 무늬가 있는 재킷을 선택하면 어깨선이 왜소해 보이는 것을 커버할 수 있다.

(3) 목이 짧은 체형

뚱뚱한 체형의 사람은 대부분 목이 짧고 굵어 보이므로 가능한 목을 시원하게 드러내는 것이 좋다. 목이 짧은 체형의 또 다른 단점은 몸 전체를 더 뚱뚱해 보이게 하므로 V·U 네크라인으로 깊게 파서 시원하게 보이도록 연출하는 것이 좋으며, 셔츠 칼라도 오픈하여 입는 것이 좋다. 피해야 할 스타일은 하이 네크라인

▶▶ 티셔츠에 네크라인이 깊게 파진 디자인이 목을 시원하게 보이게 하는 반면, 하이 네크라인의 목 부분에 장식이 있으면 목이 더 짧아 보인다.

이나 터틀넥, 차이니즈 칼라, 보우 타이 블라우스나 목에 두르는 스카프, 목에 꼭 끼는 초크형 목걸이 등은 목을 더욱 짧아 보이게 하고 답답해 보이므로 피하는 것이 좋다.

(4) 팔이 굵은 체형

휠체어를 사용하는 사람은 대부분의 시간을 앉은 자세로 보내며 팔을 많이 움직이게 되므로 진동둘레와 상완둘레가 발달하여 팔이 굵은 체형이 대부분이다. 팔이 굵은 체형은 통이 약간 넓으면서 팔꿈치 조금 아래까지 내려오는 칠부소매의 옷이 가장 팔을 가늘어 보이는 디자인이다. 또한 숄이나 판초 등 팔의 가장 두꺼운 부분을 자연스럽게 가릴 수 있는 디자인도 좋다.

▶▶ 팔이 굵은 체형은 칠부소매의 길이가 가장 좋은 디자인이다.

피해야 할 디자인으로는 어깨선이 깊게 파진 슬리브리스 디자인이나 팔에 딱 달라붙는 스타일은 팔을 더욱 굵게 보이게 한다. 팔의 상완 부분이 두꺼운 사람은 옷을 고를 때 소매의 커팅 라인을 주의 깊게 선택하는 것이 중요하다. 팔이 두꺼워지는 부위를 조이는 소매는 팔뚝을 강조하여 더욱 두꺼워 보

▶▶ 소매의 끝 부분을 강조하는 디자인은 팔을 더 굵게 보이게 하고 시선을 소매 부분에 집중시켜 강조되어 보이므로 피해야 한다.

이게 하고, 소매 끝 부분에 진한 테두리가 있으면 그 부분에 시선이 집중되어 더 눈에 띄므로 굵은 팔을 더 굵게 보이게 하므로 피하는 것이 좋다.

▶▶ 래글런 소매는 어깨에서 목으로 시선을 모아 주므로 어깨가 좁아 보인다.

(5) 어깨가 넓은 체형

어깨가 넓은 체형은 남성의 경우에는 남자다워 보일 수 있으므로 선호하는 체형이지만, 여성의 경우에는 넓은 어깨로 딱딱함이 강조되어 보이거나 신체가 건장해 보이므로 여성스러움과는 거리가 멀게 느껴진다. 그러므로 어깨가 좁아 보이게 하려면 어깨와 가슴 상부에는 디자인 라인이나 포인트를 피하고 어깨 면적을 분할하여 시각적으로 좁아 보이는 디자인을 선택하는 것이 좋다. 래글런 소매는 어깨로 갈수록 좁아지게 디자인되어 있으므로 어깨가 좁아 보일 수 있는 디자인이다. 그러나 보트 네크라인이나 큰 칼라 등은 어깨를 더 넓어 보이게 하므로 피하는 것이 좋으며, 퍼프 소매나 어깨선에 프릴 장식된 디자인, 어깨를 다 드러낸 홀터넥 디자인은 넓은 어깨를 더 넓어 보이게 하므로 피해야 한다.

(6) 어깨가 경사진 체형

편마비장애인의 경우 많이 나타나는 체형으로, 기울어진 어깨가 강조되지 않도록 시선을 다른 곳으로 유도하는 코디네이션을 한다. 어깨가 경사진 체형은 어깨가 삐뚤어지면서 전체적인 체형 역시 함께 틀어지게 되어 일반 기성복을 입으면 사이즈가 제대로 맞지 않아 불편하다. 그러므로 대부분의 장애인들은 자신의 치수보다 큰 치수의 옷을 선택하여 입는 경우가 많은데, 오히려 전체적으로 옷이 크면서 맞지 않고 불편하게 보여 삐뚤어진 체형을 더욱 강조하게 된다. 그러므로 자신의 어깨에 맞는 패드를 사용하거나 기성복을 수선하여 입는 것이 좋다.

일반 기성복의 경우에는 어깨가 경사진 체형을 커버하기에 좋은 디자인은 래글런 소매와 기모노 소매로서 입었을 때 시각적으로 가장 효과적이다. 또한 전체적

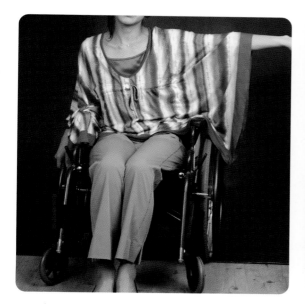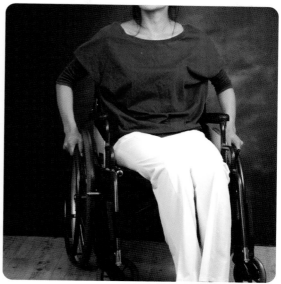

▶▶ 어깨 경사가 드러나지 않는 기모노 소매나 통이 넓은 소매를 입어서 경사진 어깨가 시각적으로 눈에 띄지 않게 연출한다.

으로 주름 장식이 많은 디자인을 선택하거나 코디네이션할 때 겹쳐 입는 스타일로 연출하여 경사진 어깨가 눈에 띄지 않도록 연출하는 것도 좋은 방법이다.

3. 얼굴형에 따른 헤어 스타일

헤어 스타일은 얼굴 형태에 따라 결정된다. 얼굴이 작다고 헤어 스타일을 크게 부풀리면 얼굴은 더욱 작아 보이고, 얼굴이 크다고 짧은 헤어 스타일을 연출하면 얼굴형이 더 커 보이는 역효과가 발생한다. 가장 효과적인 헤어 스타일은 자신의 이미지와 라이프 스타일, 얼굴의 특징 그리고 체형에 적합해야 한다. 전문 헤어 스타일리스트는 고객의 헤어 스타일을 결정하기 전에 이와 같은 많은 요인들을 고려하므로 자신을 돋보이게 할 헤어 스타일을 찾아내고 기억하여 전문가와 상의하여 보는 것도 필요할 것이다.

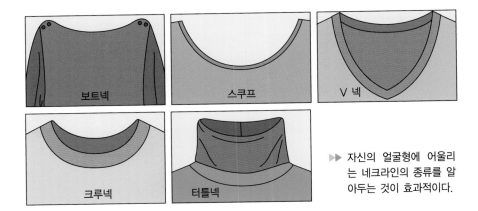

| 보트넥 | 스쿠프 | V 넥 |
| 크루넥 | 터틀넥 | |

▶▶ 자신의 얼굴형에 어울리는 네크라인의 종류를 알아두는 것이 효과적이다.

비례와 균형의 원리를 고려할 때 우선 자신이 전체적인 모습에서 머리가 차지하는 비율을 계산해 보면 작은 머리가 키를 더 커 보이게 하고 더 날씬하게 보이게 한다는 것을 알 수 있다. 부피가 큰 헤어 스타일과 긴 머리는 실제 키보다 더 작아 보이게 되어 키가 작은 여성에게는 적당하지 않으므로 전체적인 자신의 키와 헤어 스타일을 조화롭게 연출하는 것이 중요하다. 반면, 헤어 스타일을 크게 부풀리면 얼굴이 작아 보인다. 이는 미인대회 참가자들의 헤어 스타일을 떠올려 보면 쉽게 이해가 갈 것이다.

헤어 스타일은 의복 스타일과 조화를 이룰 때 더욱 효과적으로 연출할 수 있으므로 매니시한 의상에는 보이시한 느낌을 줄 수 있는 헤어 스타일을, 로맨틱한 의상에는 볼륨감 있고 웨이브 있는 헤어 스타일을 연출하여 이미지를 더 돋보이게 할 수 있다. 유행하는 헤어 스타일을 무조건 따르는 것보다 자신의 얼굴형에 어울리는 헤어 스타일과 트렌드에 맞춰 약간의 변화를 주는 것이 바람직한 코디네이션이며, 여기에 얼굴형에 따라 적합한 상의의 네크라인을 선택한다면 더욱 효과적으로 연출할 수 있을 것이다.

1) 여성의 헤어 스타일

일반적으로 타원형을 기준으로 얼굴형의 단점을 보완하고 장점을 드러낼 수 있는 헤어 스타일로 연출하는 것이 효과적이다. 얼굴의 형태는 미묘하기 때문에 단순히 얼굴형에만 의존하여 헤어 스타일을 선택한다는 것은 잘못된 판단일 수 있다. 얼굴 형태는 물론이거니와 개인에 따라 이목구비나 이미지, 라이프 스타일, 의복 스타일, 키 등이 사람마다 다르기 때문에 여러 가지 사항을 고려하여 연출하는 것이 중요하다.

(1) 타원형

타원형의 얼굴은 가장 이상적인 형태로 '달걀형'이라고도 하며, 다양한 형태의 헤어 스타일이 모두 잘 어울린다. 앞머리를 내리면 눈과 코를 강조하게 되어 더욱 아름답게 보일 수 있다. 타원형의 얼굴은 자칫 개성이 없어 보일 수 있기 때문에 자연스럽게 균형을 이루도록 다양하게 연출해 본다. 얼굴형이 갸름하고 목이 긴 사람들은 터틀넥, 보트넥, 숄 칼라 등 여러 가지 네크라인이 잘 어울리므로 다양한 네크라인으로 스타일을 표현할 수 있는 이상적인 얼굴형이다. 앞을 깊이 판 네크라인이나 칼라는 얼굴의 길이를 강조하므로 길이를 조절하여 연출해야 할 것이다.

(2) 긴 형

긴 형은 장방형의 얼굴로 얼굴의 길이를 강조하지 않는 헤어 스타일로 연출하는 것이 기본이다. 긴 얼굴을 부드럽게 처리해 주기 위해 세로의 느낌보다 가로의 느낌을 살려 연출하는 것이 좋으므로 앞이마를 덮는 뱅(bang) 스타일이 가장 잘 어울리지만 앞머리의 양이 너무 많으면 답답해 보이므로 적당히 내리는 것이 좋다.

어깨를 덮는 긴 헤어 스타일은 길이를 강조하여 얼굴형이 더 길게 보이므로 피해야 하는 스타일이다. 얼굴의 양쪽은 부드러움과 약간의 볼륨감을 주는 레이어드 컷이 좋고, 레이어드 컷은 턱선에서부터 시작하는 것이 효과적이다. 단발 스타일형태도 잘 어울리며, 가르마는 가급적이면 5 : 5의 비율을 피하는 것이 좋다. 네크라인은 V · U 네크라인보다는 보트나 라운드, 스퀘어 네크라인 등 길어 보이지 않는 네크라인을 선택하는 것이 좋다.

(3) 둥근형

동양인에게 흔한 얼굴형으로 얼굴의 골격이 둥글고 광대뼈의 폭이 이마와 턱보다 넓어 둥그랗고 넓어 보이는 얼굴형이다. 볼부터 턱에 이르는 선이 둥글어 전체적으로 통통한 인상으로 밝고 발랄한 이미지를 나타내므로, 이러한 점을 보완하여 전체적으로 길어 보이도록 연출하는 데 포인트를 둔다.

목 근처에서 끝나는 단발머리, 뱅 스타일처럼 앞머리를 가지런히 늘어뜨린 형태는 얼굴을 더 짧아 보이게 하므로 피하는 것이 좋다. 또한 전체적으로 볼륨 있는 퍼머넌트, 특히 옆머리가 볼륨 있는 헤어 스타일은 전체적으로 더욱 둥글게 보이므로 피하는 것이 좋으며, 이마 앞부분을 높이든지 얼굴 양옆을 가리는 클래식한 모던 스타일로 연출하는 것이 효과적이다. 네크라인은 V 네크라인이나 U 네크라인을 선택하여 예리하고 날카로운 인상을 주도록 하고, 셔츠 칼라 착용 시 단추를 목 밑까지 채우지 말고 시원스럽게 열어서 길이감을 강조하는 것이 효과적이다. 반면, 목선에 달라붙는 라운드 네크라인은 얼굴을 더 둥글고 커 보이게 하므로 피하는 것이 좋다.

(4) 사각형

사각형의 얼굴은 이마가 넓고 턱선에 각이 있어 개성이 강한 얼굴로 보이는 단점이 있으므로 모가 난 턱선을 부드럽게 보이도록 연출하는 것이 포인트이다. 턱선까지 완전히 감싸 주지 않고 뺨 중앙에서 끝나는 머리 길이는 오히려 머리카락 아래로 보이는 볼을 부각시키기 때문에 주의하여야 한다. 그러므로 전반적으로 롱 헤어 스타일로 연출하는 것이 좋으며, 가장 효과적인 길이는 턱선이나 턱선 바로 아래의 길이가 가장 좋다. 턱선 근처에서 레이어드 컷을 하여 턱선이 날렵하게 보이도록 하거나, 정수리 부분에 볼륨감을 주고 앞 부분에 웨이브를 주어 부드럽게 연출하는 것도 좋다. 직선의 뱅 스타일이나 목 부위에서 끝나는 단발머리 스타일은 사각형의 얼굴을 더욱 강조하므로 피해야 한다. 키가 너무 작지 않다면 커트 스타일보다 롱 헤어 스타일이 더 잘 어울리며, 특히 앞머리를 내린 롱 웨이브 스타일이 각진 얼굴의 분위기를 좀 더 부드럽게 보이도록 해 준다.

네크라인은 V 네크라인이나 좁은 U 네크라인과 칼라는 스탠드 칼라가 좋으며, 스퀘어 네크라인은 각진 얼굴형을 더욱 강조하므로 반드시 피해야 할 네크라인이다.

NG

OK

(5) 역삼각형

이마가 넓고, 턱이 뾰족하며 광대뼈가 솟아 있으므로 상·하 부분의 균형을 살리고 턱을 부드럽게 처리해 주는 헤어 스타일을 연출하는 것이 바람직하다. 헤어 스타일의 길이는 턱선까지 내려오거나 어깨까지 내려오는 긴 머리가 효과적이고, 이마가 훤히 들어나는 스타일은 얼굴형을 더욱 강조하므로 피해야 한다. 머리 위 부분을 둥글게 볼륨감을 주어 화려하게 연출하고, 옆머리도 웨이브를 넣어서 볼륨감을 만들어 모발 끝부분이 둥글게 말리는 스타일이 잘 어울린다. 또한 목 주위에서 웨이브가 풍성한 헤어 스타일이나 목 근처에서 끝나는 단발커트 스타일도 적합하다. 네크라인은 뾰족한 턱을 강조하지 않도록 V 네크라인보다는

보트 네크라인이나 좌우로 벌어진 라운드 네크라인이 좋다.

(6) 마름모형

  턱선이 날카롭고 광대뼈가 돌출되어 이미지가 강하게 보이기 때문에 턱의 각을 부드럽게 하고 뺨의 넓이를 좁혀 주어 부드러운 이미지로 연출한다. 헤어 스타일은 앞머리를 내리고 이마 부분에 볼륨감을 주어 연출하는 것이 좋으며, 앞이마선이나 귀를 드러내는 스타일은 마름모형의 얼굴을 더욱 강조하므로 피하는 것이 좋다. 네크라인은 얼굴을 부드럽게 보이게 하는 타원형이 좋으며 마름모형의 얼굴을 더욱 부각시키는 V 네트라인은 좋지 않다.

tip*

목과 헤어 스타일

목의 굵기와 길이는 헤어 스타일에 있어서 볼륨의 위치와 형태에 따라 여러 가지 시각적 효과를 나타내므로 자신의 목의 굵기와 길이를 파악하여 어울리는 헤어 스타일을 연출하여 보자.

- 굵은 목의 경우는 길이도 짧아 보이므로 상대적으로 목이 얇아 보이도록 머리의 앞 부분에 풍성한 볼륨을 주어 헤어로 인해 목이 가늘어 보이도록 한다.
- 가는 목의 경우에는 머리 뒤 부분에서 둥글고 풍성한 볼륨을 만들어 목선과 자연스럽게 연결되도록 연출한다.
- 짧은 목은 머리 앞 부분과 뒤 부분에서 볼륨을 많이 주고, 위에서 아래로 떨어지는 듯한 느낌으로 헤어 스타일을 연출하는 것이 좋으며, 짧은 헤어 컷이나 업 스타일이 잘 어울린다.
- 긴 목의 경우에는 모두가 바라는 이상적인 형태이지만 기형적으로 긴 경우에는 목 뒤 부분과 귀밑 부분에서 넉넉한 길이와 풍성한 볼륨감을 연출하여 긴 목의 길이가 눈에 띄지 않도록 한다.

이마와 헤어 스타일

이마의 정면, 측면의 생김새에 따라 헤어 스타일은 다르게 연출하여야 하며, 앞머리의 볼륨 효과를 활용하여 이마의 형태적 단점을 커버해 보자.

- 좁은 이마는 시각적으로 넓어 보이게 하기 위해서 머리가 나 있는 선부터 볼륨을 주지 말고 뒤로 넘기면서 완만하게 볼륨을 연출한다.
- 넓은 이마는 이미지가 지적이고 총명한 느낌을 주므로 이를 강조하기 위하여 앞머리를 이마가 자연스럽게 보이도록 정리하여 부드러운 느낌을 연출한다.
- 튀어 나온 이마는 시각적으로 부드럽게 나타내기 위해 앞머리의 볼륨을 높이고 약간 앞으로 나온 듯한 볼륨을 만들어 자연스럽게 앞머리의 흐름을 연출한다.
- 편평한 이마는 자연스럽고 둥근 곡선의 볼륨을 주어 이마 부분에 시각적으로 둥글게 보이도록 한다.

2) 남성의 헤어 스타일

과거 남성의 헤어 스타일은 여성에 비하여 딱딱하고 단순했으며 변화도 많지 않았다. 또한 대부분 남성의 헤어 스타일은 7 : 3 정도의 가르마로 윗머리와 옆머리의 볼륨감을 살린 클래식한 스타일이나 옆머리와 뒷머리는 짧게 치고 윗머리와 앞머리는 단정하게 한 스포츠 스타일이었다. 그러나 자신의 개성을 드러내어 스스로의 브랜드 가치를 높여야 하는 시대에 사는 오늘날의 남성들에게 다른 사람과 똑같은 헤어 스타일을 고집한다는 것은 오히려 지루하고 시대에 뒤떨어지는 인상을 심어 줄 수도 있다. 2000년대 들어서 보다 적극적으로 멋을 추구하는 '메트로 섹슈얼리즘'의 영향으로 남성 헤어 스타일에 변화가 시작되었다. 긴 헤어 스타일은 물론, 흑인의 곱슬머리처럼 강하고 잔컬로 볼륨감을 만든 아프로 펌머 스타일이나 일명 '레게머리'로 불리는 블레이즈 스타일 등 퍼머에서 다양한 커트까지 여성에 비해도 손색이 없을 만큼 다양한 스타일 변화를 시도하고 있다. 그러므로 개인의 다양한 이미지 따라 남성들의 얼굴형에 어울리는 헤어 스타일을 연출하는 것은 여성과 마찬가지로 매우 중요한 사항이 되었다.

(1) 둥근형

둥근형의 얼굴은 어려 보이고 귀여워 보이므로 호감을 유발할 수는 있지만 카리스마나 리더십같은 남성다움이 부족해 보이므로 머리카락을 위로 세우고, 옆머리는 무스나 젤을 발라 귀 뒤로 붙여 주어 세로 효과를 연출하는 것이 좋다. 즉, 머리 옆 부분의 볼륨을 줄이고 위는 살리는 것이 포인트이다. 둥근 얼굴형은 가운데 가르마가 가장 잘 어울리는 얼굴형으로 가운데 가르마는 얼굴형이 반으로 나누어져 좁아 보이는 효과를 주기 때문이다.

(2) 긴 형

긴 얼굴형의 남성은 이마와 턱이 다른 사람에 비해 길어 보이므로 덥수룩한 머리보다는 짧은 스타일이 오히려 스마트해 보인다. 눈을 덮을 정도의 답답한 앞머리는 오히려 세로선을 강조해 긴 얼굴을 강조하므로 살짝 이마를 보이도록 앞머리를 내리고 귀 옆부분의 볼륨을 살려서 전체적으로 둥글게 보이도록 하는 것이 포인트이다. 머리 정수리 부분을 낮게 하고 머리카락을 이마 아래로 살짝 늘어뜨려 준 다음 앞머리는 옆으로 빗고 옆머리는 볼륨을 주어 연출하는 것이 좋다.

(3) 사각형

각진 얼굴은 선이 딱딱하고 날카롭고 위압감을 주기 쉬우므로 부드러운 인상을 만들어 준다. 적당히 긴 헤어 스타일이 잘 어울리며 가벼운 컬로 얼굴 윤곽을 부드럽게 감싸 주는 것이 좋다. 양쪽 머리에 살짝 볼륨을 주어 전체를 둥글게 하고 약하게 웨이브를 주거나 옆머리로 귀를 반쯤 덮어 각진 얼굴을 부드럽게 보이도록 연출한다.

(4) 역삼각형

이마가 넓고 턱이 뾰족한 역삼각형의 얼굴은 여성이나 남성이나 모두 지나치게 날카로워 보일 염려가 있다. 이마를 머리로 가려 턱선이 강조되지 않도록 하며, 구레나룻 부분을 살려 주는 것이 넓어 보이는 광대뼈를 커버할 수 있다. 이마를 완전히 드러내거나 윗머리를 풍성하게 하면 머리가 강조되어 가분수처럼 보이므로 피해야 할 스타일이다.

남성은 긴 헤어 스타일, 여성은 짧은 보브 컷

　시대가 아무리 변해도 긴 머리는 여성의 전유물이란 편견은 쉽게 변하지 않아 긴 헤어 스타일의 남성을 바라보는 시선은 얼마 전까지만 해도 달갑지 않았던 것이 사실이다. 남성다움을 상징하는 헤어 스타일은 파스라이 깎은 짧은 스포츠 스타일이었는데, 언젠가부터 귀를 덮는 남성의 헤어 스타일이 유행하고 머리를 뒤로 질끈 묶은 스타일도 종종 보게 되어 남성의 긴 헤어 스타일을 거부감을 갖고 바라보기보다는 이제 하나의 고유한 스타일로 인정하는 사회 분위기가 정착되고 있다.

　반면, 긴 생머리를 아름다움의 상징으로 생각하던 여성들이 머리를 싹둑 자르고 1960년대의 트위기 스타일로 변신하였다. 앞머리를 내린 보브 단발머리는 어려 보이고 얼굴이 작아 보이는 효과가 있다. '동안' 과 '미니멀리즘' 이 메가 트렌드로 자리 잡으면서 여성의 헤어 스타일이 점점 짧아지고 있다.

　이제 헤어 스타일 영역에서도 '남성의 여성화' , '여성의 남성화' 가 급속하게 진행되면서 뒷모습만으로는 남성인지 여성인지를 짐작하기 힘들게 되었다.

Style Memo*

CHAPTER 4

패션 코디네이션의 실제

1. 아이템별 코디네이션
2. 액세서리 코디네이션

패션 코디네이션은 패션 아이템에 관한 기본적인 상식과 T.P.O.에 적합한 아이템의 활용 방법 및 머리에서 발끝까지 아이템의 조화도 염두에 두어 연출하여야 한다. 패션 아이템들을 어떻게 연출하느냐는 입는 사람의 패션 감각과 센스를 엿볼 수 있으므로 수시로 바뀌는 트렌드에 대처하면서 자신만의 스타일을 연출하고자 하는 것은 남성이든 여성이든 중요한 문제가 되었다. 그러므로 소비자들은 자신이 나타내고자 하는 이미지를 의복은 물론 의복과 어울리는 구두나 가방, 모자 등과 같은 액세서리를 통해 복합적이고 풍부하게 표현하고자 하는 것이다.

이 장에서는 의복의 종류별로 기본 아이템을 활용한 코디네이션 방법과 액세서리를 활용한 코디네이션에 대해 살펴보자.

패션 코디네이션의 실제

1. 아이템별 코디네이션

1) 재 킷

재킷은 정장 차림의 상의를 말한다. 소매가 일반적으로 붙어 있으며, 앞여밈에 따라서 싱글 여밈 재킷(single breasted jacket), 더블 여밈 재킷(double breasted jacket)으로 구분하며, 스커트, 바지 등과 한 벌을 이루는 경우 수트라고 한다. 재킷은 한 벌이라도 이너웨어를 어떻게 입느냐에 따라 여러 가지 이미지를 연출할 수 있고 다소 유행이 지난 디자인이라도 다른 의상과의 매치로 새로운 분위기를 연출할 수 있는 장점이 있다. 재킷은 재킷의 길이와 라펠의 크기, 단추의 위치와 개수에 따라 다양한 디자인이 있으며, 기본적인 디자인으로 테일러드 칼라의 싱글 재킷은 유행을 타지 않는 디자인이다. 그 이외에 칼라가 없는 라운드나 V 네크라인의 재킷도 있다. 재킷의 칼라가 없는 디자인은 이너웨어를 다양하게 연출하거나 액세서리로 스카프 등을 코디네이션하여 연출하는 것이 효과적이다.

체형에 따라 재킷의 길이를 고려하여 선택하여야 하며, 허리에 피트되는 디자인과 일자형의 박스 스타일 등 재킷의 디자인에 따라 분위기가 달라지므로 유의하여 선택해야 할 것이다.

▶▶ 같은 색상의 재킷이라도 이너웨어를 어떻게 입느냐에 따라 다양한 이미지를 연출할 수 있다.

현재 기성복으로 판매되고 있는 재킷은 장애인들에게 가장 필요한 아이템이면서도 불편한 점이 많으므로 편리하게 착용할 수 있는 재킷을 활용하였다. 공단 배색을 넣은 고급스러운 이미지의 베이지색 테일러드 칼라 재킷과 칼라와 커프스의 탈부착이 가능한 플랫 칼라의 그레이색 재킷을 팬츠, 스커트와 함께 코디네이션하였다. 휠체어 장애인들의 활동에 편리하도록 뒷중심선이 콘실지퍼로 디자인된 재킷의 지퍼를 오픈하면 입고 벗기 용이하고 활동하기 편하며, 지퍼를 잠그면 기존의 기성복과 동일하게 보이도록 연출할 수 있다.

▶▶ 뒷중심에 콘솔지퍼 처리하여 팔의 활동이 불편한 재킷의 활동성을 높이기 위해 뒤트임을 주었다.

2) 팬 츠

영어로 팬츠는 트라우저즈, 슬랙스라고도 하며, 불어로는 판탈롱이라고 한다. 20세기 초기 여성들이 자전거를 타거나 테니스를 칠 때 스커트 안에 입는 정도였으나, 1차 세계대전 이후 사회 진출이 많아지면서 팬츠가 여성들에게 보편적인 아이템이 되었다.

팬츠는 소비자의 입장에서는 다양하게 구매하지 않아도 재킷과 블라우스, 셔츠에 따라 다양한 이미지를 연출할 수 있으므로 최소한의 경비로 최대한의 효과를 얻을 수 있는 아이템이다. 일자형 팬츠는 체형에 상관없이 가장 무난하게 입을 수 있는 디자인이며, 무릎 밑으로 퍼지는 트라페즈형 디자인은 다리를 날씬하고 길어 보이게 하는 효과가 있다. 또한 밑으로 갈수록 좁아지는 테이퍼트형 팬츠는 발목이 가늘고 긴 체형에 어울린다.

팬츠는 지체장애인들에게는 가장 많이 애용되는 하의로서 휠체어 장애인들은 평상시 휠체어에 앉아서 생활하므로 뒤허리 부분을 높게 디자인하여 앉았을 때 뒤허리가 보이지 않도록 하는 디자인이 필요하다. 또한 양쪽 하단에 주머니를 만들어 휠체어에 앉았을 때 쉽게 수납할 수 있게 만든 디자인은 이동 시에도 편리하게 사용할 수 있다.

▶▶ 기성복 중에서 카고 팬츠는 주머니가 많아서 수납이 편리하게 되어 있으므로 장애인들에게 다양하게 활용될 수 있다.

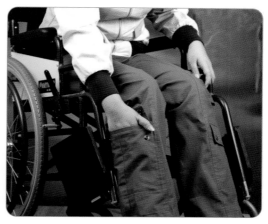

▶▶ 양쪽 하단에 콘실지퍼로 여닫을 수 있는 주머니를 디자인하여 휠체어에 앉았을 때 수납을 쉽고 편리하게 활용할 수 있다.

3) 청바지

청바지는 원래 작업복의 일종이었으나 최근에는 전 세계 남녀노소 누구나 즐겨 입는 평상복 · 통학복 · 레저웨어로서 계절을 가리지 않고 착용되고 있다. 우리나라에는 1950년대 한국전쟁 때 미군이 들어오면서 청바지를 처음 입었는데, 멋과 실용성을 겸비한 아이템으로 동경의 대상이었다. 또한 1960 · 70년대까지 젊은이들이 거리에서 실용적으로 입을 수 있는 편한 옷의 상징이었다. 이처럼 과거 실용적인 의복에서 시작한 청바지는 현재 다양한 디자인과 가격으로 패셔너블한 아이템으로 자리 잡고 있다.

청바지는 내구성이 뛰어나고 일반인들의 착용 빈도가 높은 아이템이지만 소재 자체가 뻣뻣하고 허리 부분이 불편하므로 이러한 점을 고려하여 기능성 청바지로 디자인한다면 장애인들도 트레이닝 바지처럼 편안하게 착용할 수 있을 것이다.

▶▶ 청바지 앞 부분은 진, 뒤 부분은 환편성물을 사용하여 패션성과 기능성을 함께 추구하였으며, 청바지의 허리 부분에는 고무밴드 처리하여 배를 당겨 주면서 입고 벗기에 편리하도록 디자인하였다.

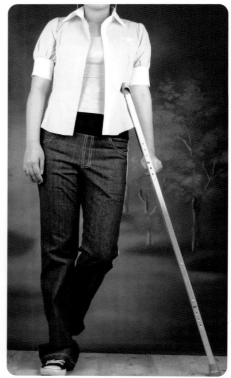

4) 스커트

　스커트는 하반신을 감싸는 의복으로 여성의 의복 중에서 가장 오래된 아이템이다. 스커트는 다른 옷들에 비해 다양하게 변화를 줄 수 있어서 스커트의 길이나 실루엣은 유행 변화의 대표적인 것이며, 그 시기의 패션에 따라 민감하게 달라진다. 그러므로 스커트를 활용할 때에는 먼저 기본이 되는 이미지를 결정하고 함께 코디네이션할 상의를 선택해야 하며, 착용자의 체형을 고려하여 고르도록 한다.

　이렇게 스커트는 일반인들에게는 매우 중요한 아이템이지만 장애 여성들에게는 가장 입고 싶지만 불편하여 착용 빈도가 많이 낮은 것으로 알려져 있다. 특히 목발 장애인의 경우에는 보행 시 스커트 자락이 감기거나 약해진 다리가 드러나는 것을 꺼려 하므로 착용 빈도가 현저히 떨어지는 아이템이다. 휠체어 장애인의 경우에도 여러 가지 불편함을 가지고 있지만 길이가 길고 풍성한 디자인의 스커트는 체형 커버에 효과적인 아이템이므로 기능성을 가미한 스커트를 활용하는 것이 바람직할 것이다.

▶▶ 스커트 허리 양쪽에 고무밴드 처리하여 입고 벗기 편리하게 디자인하였으며, 허리선의 여밈지퍼를 엉덩이둘레선까지 연장하여 길게 콘실지퍼 처리함으로써 입고 벗기 편리하게 디자인하였다.

5) 셔츠와 블라우스

셔츠와 블라우스는 아이템 중에서 이미지 변화에 가장 많이 활용할 수 있는 아이템이다. 셔츠는 남녀가 함께 입는 옷으로, 속옷과 속옷 위에 입는 와이셔츠 또는 셔츠 블라우스 등이 있다.

로마네스크 시대의 '블리오'에서 유래된 블라우스는 스커트의 허리에 넣어 입어 블루종이 된 데서 블라우스의 명칭이 시작되었다고 한다. 여성적이고 우아한 느낌을 표현할 때는 드레이프형이나 리본을 달 수 있는 보우 타이 블라우스를 활용하는 것이 좋다. 블라우스의 활용도가 늘어나면서 고딕풍의 여성스럽고 화려한 블라우스가 유행하여 블라우스의 활용도가 더욱 강조되고 있다.

▶▶ 공단 소재로 된 블라우스는 광택이 많으므로 자칫 뚱뚱해 보일 수 있으나 여성스러운 이미지를 전달할 수 있어 어두운 색상을 활용하여 공식적인 자리에 코디네이션하면 좋다.

장애인들에게는 셔츠나 블라우스가 티셔츠처럼 입고 벗기에 편하고 여밈 처리가 간편하다면 가장 애용될 아이템일 것이다. 손이 불편하지 않은 장애인들에게는 셔츠나 블라우스의 단추가 문제되지 않지만 그렇지 못한 경우에는 옷을 입고 벗을 때 가장 힘든 부분이 단추를 채우는 일이다. 그러므로 앞여밈을 일반 단추 여밈처럼 보이면서도 실제 안쪽은 지퍼나 벨크로 등으로 여닫을 수 있도록 편리하게 만든 디자인이 필요하다.

티셔츠는 소매가 몸판에 직각으로 붙어 있어서 소매를 펼치면 T형이 되는 셔츠이다. 대부분 라운드 네크라인의 풀오버 셔츠이며, 원래는 속옷이었으나 1950년대 말부터 겉옷으로 착용하여 가슴에 각종 무늬나 로고를 장식하면서 누구나 애용하는 베이직한 아이템이 되었다. 티셔츠는 무엇보다 장애인들에게 가장 간편하고 유용한 아이템이다.

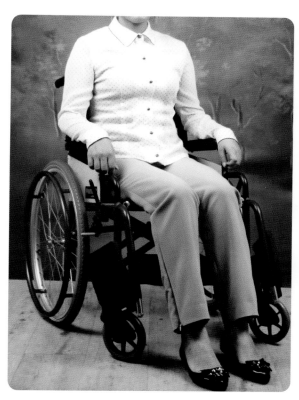

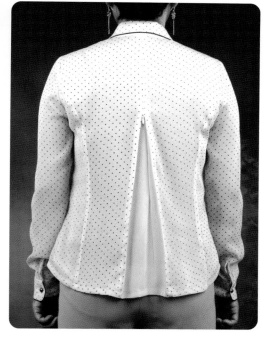

▶▶ 장애 여성들의 블라우스 활용도를 높이기 위해 뒷중심에 여유분을 두어 콘실지퍼로 처리하여 휠체어에 앉아 있어도 뒤당김이 없도록 하였다. 또한 앞중심을 지퍼처리하여 입고 벗기에도 편리하고 착용했을 때는 일반 기성복 블라우스처럼 보이도록 장식 단추로 처리하여 디자인하였다.

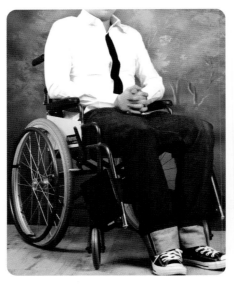
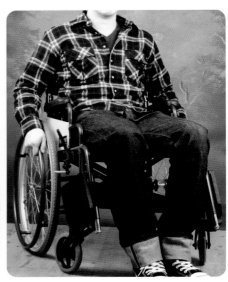

▶▶ 가장 많이 애용하는 화이트 셔츠와 체크무늬 셔츠는 남녀공용으로 누구나 애용할 수 있는 베이직 아이템이다.

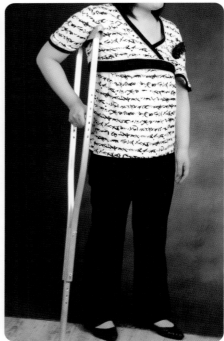

▶▶ 목선이 깊게 파이거나 지퍼로 여닫을 수 있게 디자인된 셔츠는 입고 벗기에 편리하므로 활용도가 높다.

6) 베스트

베스트는 소매 없는 상의로 블라우스나 스웨터, 셔츠 위에 입거나 수트나 코트 안에 입는 옷으로 활용도가 높은 아이템이다. 본래 베스트는 17~18세기에 남자들이 코트 속에 입었던 몸에 꼭 맞는 의상이었으나 단순한 방한용을 넘어 의상 전체의 밸런스를 맞춰 주는 효과적인 아이템이 되었다. 베스트는 히피 스타일이 유행하면서 다양한 길이의 상의와 매치시킨 레이어드 스타일로 코디네이션하면 새로운 스타일로 연출할 수 있다.

베스트는 소매가 없는 상의이므로 팔이 불편한 장애인들에게는 특별히 수선을 하지 않고도 입고 벗기 편리한 아이템이며, 기존의 상의와 매치하여 레이어드 스타일로 다양하게 연출이 가능하므로 남녀 모두 활용도가 높은 아이템이다.

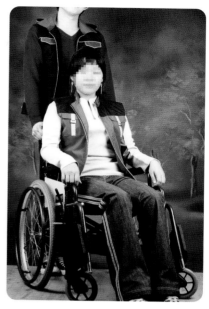

▲ 스포티즘을 가미하여 캐주얼하게 디자인된 조끼는 반사광 테이프를 부착하여 안전성을 높였다.

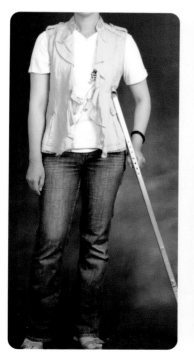

▶▶ 다양한 디자인의 베스트를 활용하면 티셔츠만으로 단순했던 스타일에 포인트를 주어 색다른 이미지를 연출할 수 있다.

tip*

모두를 위한 유니버설 디자인(Universal Design)

'Fashion for All' 이란 모든 사람이 쾌적하게 생활할 수 있는 환경을 실현하는 것을 목적으로 하는 패션을 의미하며, 이것은 연령이나 성별, 사이즈, 체형, 신체 장애의 유무에 관계없이 모든 사람들이 쾌적하게 생활할 수 있는 패션 환경을 실현하는 것을 의미한다. 'Barrier-Free Design', 'Universal Design' 과 'Fashion' 이 접목된 개념으로 유니버설 패션은 패션성, 가격의 타당성, 안전성, 위생성, 간단한 손질, 알기 쉬운 품질표시, 시각장애인에 대한 배려, 환경에의 배려 등을 기본 요건으로 하는 새로운 디자인의 개념이다.

장애인을 위한 의복이 일반인들과 구별된 특수한 기능만을 중시한다면 오히려 장애인에게 더욱 사회적인 분리의식을 갖게 할 수도 있으므로 의복은 가장 밀접한 사회적인 장애의 환경이 될 수도 있다. 일반 기성복과 같으면서 장애인이 필요로 하는 기능적인 면과 심미적인 면을 부여한 유니버설 패션은 장애인이 사회의 일원으로 활기 있고 성공적인 사회생활을 할 수 있도록 도와주는 역할을 할 수 있을 것이다.

소매와 앞중심의 여밈을 벨크로로 처리하여 입고 벗기에 편리하게 디자인된 블라우스

2. 액세서리 코디네이션

의복에서 액세서리는 용도와 목적, 디자인 등의 특성을 고려하여 자신과 어울리는 것을 선택해야 하는데, 여기에 트렌드가 가미되면 더욱 효과적으로 표현할 수 있다. 액세서리의 사용은 의복을 보다 아름답고 단정하게 하기 위한 요소로 옷차림에 액센트를 주고 패션 이미지를 조정하는 역할을 한다. 액세서리는 의복의 스타일 속에 포함되어 총체적인 이미지를 연출하므로 코디네이션을 완성하는 마지막 아이템이라고 할 수 있다.

액세서리는 코디네이션하는 방법에 따라 의복의 이미지뿐만 아니라 그것을 사용하는 사람의 개성을 나타낼 수 있으며, 또한 한 벌의 옷을 액세서리나 소품을 사용하여 여러 가지 분위기를 표현할 수 있다. 그러므로 액세서리의 활용은 자기 자신을 표현하는 데 있어서 어떤 의미에서는 의복의 착용보다 더 중요하게 작용한다고 할 수 있다. 액세서리를 잘 사용하면 전체적인 코디네이션에서 장식적인 면을 높이고 정리되는 효과가 있지만, 잘못 사용하면 눈에 거슬리게 되어 전체적으로 부조화를 가져오므로 주의하여 선택하는 것이 좋다.

액세서리의 대표적인 종류별로 코디네이션하는 방법을 살펴보면 다음과 같다.

1) 가 방

가방은 여러 가지 소품을 넣어 다니기 위한 아이템으로 전쟁 중에 물이나 필수품을 넣어 다니기 위해 고안되었는데, 점차 남성보다 여성의 액세서리로 그 기능이 변화하여 현대에 와서 패션 이미지를 완성하는 대표 소품으로 인식되고 있다. 이렇게 가방은 실용성과 장식성을 동시에 연출할 수 있는 액세서리이다.

가방의 색상은 보통 구두의 색상과 일치시키는 것이 일반적이지만 가방을 포인트 컬러로 활용하는 경우가 증가하는 추세이다. 가방의 크기는 자신의 키와 비례하여 연출하는 것이 좋으며, 키가 큰 체형은 빅 사이즈의 백으로 연출하고, 키가 작은 경우는 클러치 백과 같은 작은 사이즈가 더 잘 어울린다. 어깨에 메는 숄

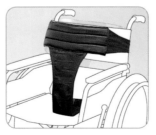

▶▶ 휠체어에 가방이 부착되어 다양한 소품을 수납하기 편리하도록
고안된 가방 디자인

더백의 경우 끈의 길이에 영향을 받아 너무 길게 연출하면 착시현상으로 시선을 아래로 쏠리게 하고, 엉덩이 근처에 백이 머무르게 되므로 시선이 엉덩이에 집중되어 키는 작아 보이면서 엉덩이는 커 보이게 된다.

유행하는 가방의 종류도 다양하여 자루처럼 큰 빅백이 유행하기도 하고, 이브닝용 가방이나 연예인들의 레드카펫용으로 생각했던 클러치백이 사이즈와 디자인이 다양하게 변화하면서 캐주얼에서 정장까지 일상적인 아이템으로 등장하기도 한다.

장애인의 경우에는 다른 사람의 도움이 있는 경우가 아니라면 대부분 활동성이 편한 실용적 디자인의 가방이 일반적이다. 백팩이나 사선으로 멜 수 있는 캐주얼한 형태의 백을 주로 사용하므로 가방의 종류보다는 색상과 소재에 포인트를 두어 코디네이션하는 것이 좋을 것이다.

유럽 및 일본 등 선진국에서는 휠체어에 수납을 할 수 있도록 고안된 가방을 판매하고 있는데, 휠체어를 사용하는 장애인의 경우 가방을 들기가 어려우므로 휠체어에 장착하여 여러 가지 소품을 가지고 다니기 용이하게 디자인하였다.

2) 신 발

신발은 패션을 마무리하는 단계에서 가장 중요한 품목 중의 하나이다. 자신의 개성을 완성시킬 수 있는 패션 아이템인 신발은 착용자의 감각, 취향과 더불어 그 사회의 산업 발전과 문화의 상징이라고 할 수 있다.

인류가 처음 신발을 신기 시작한 것은 발을 보호하기 위해서였는데, 이렇게 신발은 기능적인 이유 이외에도 착용한 사람들의 센스나 사회적 지위를 나타내는 표현의 수단이 되기도 한다. 발을 보호하기 위해 신었던 신발에서 벗어나 신발이 패션으로 자리잡기 시작한 것은 13세기 영국에서였다. 영국 왕실에 처음으로 남녀공용의 하이힐이 등장했는데, 최근 남성들 사이에서도 이같이 구두에 변화의 바람이 불고 있다.

신발을 코디네이션할 때는 보통 하의의 색상보다 짙은 색의 신발을 선택하는 것이 일반적이지만 최근에는 신발을 포인트 코디네이션으로 활용하여 의상과 대비되는 색상의 신발로 액센트를 주기도 한다. 한층 화려해진 신발들을 잘 코디네이션하기 위해서는 가방이나 다른 액세서리와의 조화를 고려하는 것이 중요할 것이다.

신발은 신는 사람의 인격을 표현한다고 한다. 무엇보다 건강과 인격을 고려하고 상황에 따른 옷차림에 맞는 정갈한 신발의 착용이 중요할 것이다.

▶▶ 장애인들을 위한 편리한 신발–엔젤(Angel), 일본

다리가 불편한 경우 신발을 스타일링하여 신기란 참 힘든 일이다. 최근 미국, 유럽 및 일본을 비롯한 선진국들에서는 신고 벗기에도 편리하면서 다양한 색상과 스타일의 신발이 디자인되어 장애인들에게 편리하면서도 패셔너블한 신발을 선택하여 구매할 수 있게 하였다. 국내에서는 '세창'에서 수작업으로 맞춤 장애인 신발을 만들고 있지만 선진국들의 기성화에 비하면 기술적, 경제적으로 부족한 실정이다.

3) 모 자

모자는 평범한 차림을 간단히 패셔너블하게 만들어 주는 액세서리 중 하나이다. 모자는 원래 신분을 상징하거나 추위나 더위를 막기 위해 사용되었지만 현대에 와서 가장 장식성이 강한 소품이 되었다. 모자는 얼굴 가까이 코디네이션하는 것이므로 얼굴을 돋보이게 하는 중요한 액세서리이다. 모자를 쓸 때에는 헤어 스타일과 얼굴형, 의복 등 전체적인 조화를 고려하여 착용해야 효과적으로 연출할 수 있다. 모자는 그 형태만이 아니라 소재, 장식에 따라서도 그 분위기가 다르게 연출되므로 적절하게 사용하여 의복의 포인트로 활용하는 것이 좋을 것이다.

비니(beanie)는 헝겊이나 니트로 된 두건 모양의 귀를 덮는 모자를 말하는데, 보온을 위해 스키나 스노보드처럼 아웃도어 패션과 함께 겨울용으로 애용되다가

다양한 길이와 소재로 계절에 상관 없이 남녀노소 누구나 애용하는 베스트 아이템이 되었다.

　장애인들에게도 모자는 방한, 햇볕 차단 등의 실용적인 목적이외에도 간단히 패셔너블하게 보일 수 있는 액세서리이므로 여러 가지 디자인의 모자를 활용하여 자신과 어울리는 스타일을 찾아보자.

4) 스카프와 머플러

　스카프와 머플러는 작은 변화로 평상시 입던 옷을 색다른 느낌으로 연출할 수 있도록 해 주는 소품이다. 똑같은 옷차림에도 스카프 하나만 두르면 스타일리시해지므로 다른 액세서리 모자, 가방, 신발 등과 비슷한 색상으로 매치시키면 안

정된 코디네이션을 연출할 수 있다. 스카프의 시작은 16세기 엘리자베스 1세가 외출할 때 햇볕에 얼굴이 타는 것을 염려하여 자외선 차단 겸 스타일을 위해서 술 장식이 달린 어깨걸이로 사용한 것에서 비롯되었다고 한다. 과거의 스카프와 머플러는 가을, 겨울에만 사용되던 방한을 목적으로 한 실용적 아이템이었는데, 현재는 장식적인 역할로서 활용 가치가 높아짐에 따라 이제는 남성들에게까지 스카프의 활용도가 높아서 가장 패셔너블한 아이템이 되고 있다.

스카프와 머플러는 다양한 형태와 사이즈, 소재로 생산되고 있으므로 착용자의 체형이나 얼굴색, 의상 등을 고려하여 코디네이션하는 것이 좋으며, 초보자들에게도 다른 액세서리와 색상을 통일한다면 쉽게 스타일링할 수 있는 좋은 아이템이다.

장애인들에게는 체온 조절이 어려울 경우 보온 효과를 높이면서 패션성도 높일 수 있으며, 어깨나 팔 등의 상체의 결점도 효과적으로 커버할 수 있으므로 스카프와 머플러를 활용하여 평상시 옷차림에 변화를 줄 수 있도록 연출해 보자.

쉬마그(shemagh)

　스카프의 새로운 스타일 중 하나는 쉬
마그인데, 원래 아랍인들이 모래바람을
피하기 위해 사용했던 스타일이다. 머플
러 가장자리의 올을 어지럽게 풀어 늘어
뜨려 자연스러우면서 세련
된 멋을 표현할 수 있
다. 다양한 색상들로 된
쉬마그의 가장 큰 장점은 어떤 옷차림에도 잘 어울리며 기존 머플러에서
는 볼 수 없었던 파격적인 디자인으로 쉬마그 하나로도 패셔너블해질 수
있다는 것이다.

5) 벨 트

　벨트가 주요 액세서리로 부상하면서 다양한 디자인의 벨트가 계속 등장하고
있다. 과거 팬츠와 스커트의 허리 사이즈를 조정해 주던 기능적인 액세서리에서
지금은 옷차림에 액센트를 주는 유행 아이템으로 자리잡았다. 원피스나 코트의
경우 단조로움을 피하기 위해 벨트로 포인트 코디네이션하기도 하고, 남성의 경
우에는 팬츠와 대비되는 색상의 벨트를 착용하여 포인트로 활
용하고 있다. 벨트를 허리선보다 위로 올라가게 매면 다
리가 길어 보이거나 허리가 가늘어 보이는 등 다양한 효
과를 연출할 수 있다.

　심플함을 연출하고 싶다면 여러 겹의 스트랩 벨트를 활
용하고, 여성스러움을 표현하고 싶다면 크고 화려한 와이
드 벨트를 착용하여 허리에서부터 힙라인을 유선형으로
보이게 하는 등 다양한 스타일로 패션을 완성하는 데 벨

트가 큰 역할을 할 것이다.

벨트를 활용한 코디네이션은 가는 허리가 유행했을 때는 허리가 초점이 되어 벨트가 인기를 얻었으나 허리선이 낮거나 높은 것이 유행일 때는 벨트의 판매가 현저히 줄어 액세서리로서의 벨트는 의복 디자인에 가장 영향을 많이 받는 아이템이라고 할 수 있다.

이상과 같이 액세서리 코디네이션은 토탈 코디네이션에 있어서 의복과 더불어 중요한 역할을 한다. 액세서리의 시작은 대부분 실용적 아이템이었지만 점차 장식성이 강조되어 현대 패션에서 포인트 코디네이션으로 활용 가능한 소품이 되었다.

액세서리는 시선을 분산시켜 체형의 결점을 감추는 데 활용할 수도 있고, 장점을 강조시킴으로써 개성 표현의 수단으로 활용할 수도 있다. 이런 액세서리를 효율적으로 사용하기 위해서는 의복과 마찬가지로 자신이 가지고 있는 액세서리를 정리하여 일람표로 만들어 두는 것도 좋을 것이다. 일람표는 여러 가지 경우에 어느 아이템을 사용하면 잘 어울리는지 미리 파악할 수도 있고, 액세서리 쇼핑 계획에도 도움을 줄 수 있을 것이다.

tip *

액세서리의 역할

✽ **액세서리는 패션 이미지를 마무리하고 완성시킨다**

토탈 코디네이션을 위해 액세서리는 패션 이미지를 효과적으로 표현하고 마무리하는 중요한 아이템이다.

✽ **액세서리는 의복의 모습을 독특하게 만든다**

의복의 형태가 단순화되면서 액세서리에 의한 다양한 코디네이션이 시도되어 비즈니스웨어를 캐주얼웨어로 이미지를 바꾸거나 클래식한 의상을 트렌디한 의상으로 이미지를 변화시킬 수 있다.

✽ **액세서리는 인체의 장점을 강조하고 단점을 보완해 준다**

액세서리는 착용한 곳에 시선이 집중되므로 자신 있는 부분을 강조하고, 감추고 싶은 부분은 시선으로부터 멀어지게 하여 인체의 결점을 커버할 수 있다.

✽ **액세서리는 패션 이미지의 차별화를 위한 전략이다**

대량생산에 의해 소비된 동일한 의복을 지금까지와는 다른 스타일로 연출하고 싶다면 차별화된 액세서리를 활용하는 것이 가장 경제적이고 효과적인 방법이다. 같은 옷에 다른 스타일을 연출하고 싶다면 자신만의 액세서리 스타일링 방법을 연구해 보자.

CHAPTER 5

누구나 할 수 있는
패션 소품 만들기

1. 배워 보자, 패션 소품 만들기
2. 내 몸에 맞게 입자, 리폼하기
3. 기성 웨딩드레스 리폼하기

누구나 할 수 있는 패션 소품 만들기

장애인들이 일상생활을 하는 데 있어 매우 유용하면서도 꼭 필요한 패션 소품은 의외로 많이 있다. 원활하지 못한 혈액 순환으로 인해 보온이 필요한 장애인에게는 무릎덮개나 망토, 토시 같은 것이 그 예가 될 수 있고, 활동이 자유롭지 않은 장애인에게 식사용 에이프런은 여러 가지 측면에서 유용하다. 그러나 판매되고 있는 기성품의 경우 가격이 비싸 장애인에게 부담을 줄 수 있다. 따라서 이 장에서는 장애인에게 필요한 패션 소품을 보다 쉽게 만들 수 있도록 제도, 재단, 봉제 방법 등을 자세히 다루고 의복의 재활용에 대해 알아보고자 한다.

누구나 할 수 있는 패션 소품 만들기

1. 배워 보자, 패션 소품 만들기

장애인에게 꼭 필요하지만 사기에는 부담이 되는 패션 소품인 무릎덮개, 망토 등을 직접 만들어 경제적인 부담을 덜 수 있도록 각 용품의 제작에 필요한 소재와 만드는 방법에 대해 알아보자.

1) 식사용 에이프런

활동이 자유롭지 않은 장애인에게 식사용 에이프런은 식사할 때 음식물이 떨어지더라도 옷이나 침대가 더러워지지 않도록 방지해 주기 때문에 매우 유용한 생활용품이다. 특히 다른 사람의 도움을 받아야 하는 경우 길이가 길고 폭이 넓으면 더 좋고, 벨크로나 단추를 이용해 목둘레를 조정할 수 있으면 좋다. 일반 천을 사용할 경우 오염물이 묻으면 바로 세탁을 해야 하지만 방수 천을 사용하면 젖은 천으로 닦아 내기만 하면 되므로 방수 천을 이용해 식사용 에이프런을 제작해 보자.

(1) 디자인

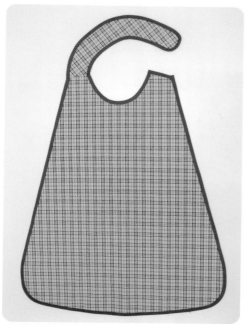

(2) 재료 및 용구

- 겉감 : 방수 천
- 부속 재료 및 용구 : 재봉실, 바이어스 테이프, 벨크로, 초크, 시침핀, 재단가위

(3) 제작 방법 및 순서

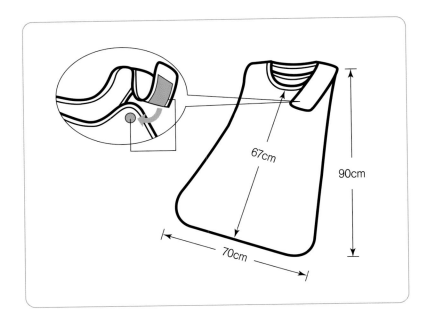

제 도

① 가로 35cm, 세로 45cm의 직사각형을 그린다(좌우대칭이므로 에이프런의 반쪽만 제도한다).

② 가로의 오른쪽 모서리에서 지름 10cm가 되도록 원을 그려 에이프런의 목 부분이 되도록 한다.

③ 어깨폭은 7cm가 되도록 하고, 아래로 1.5cm 처짐분을 만들어 준다.

④ 여밈은 벨크로를 이용하여 조정할 수 있도록 폭 8cm로 제도한다.

재 단

① 준비된 천 위에 제도한 몸판의 패턴을 ㉠처럼 핀으로 고정시킨다.

② ㉡처럼 중심선을 그리고 중심선을 기준으로 좌우가 똑같게 몸판의 완성선을 그린다. 몸판은 어깨 부분을 제외하고는 바이어스 테이프로 가장자리를 둘러 줄 것이므로 시접을 따로 주지 않아도 된다.

③ 여밈 부분은 ⓒ처럼 핀으로 고정한 후 초크로 완성선을 그린다. 어깨와 봉제
   가 될 부분을 제외하고는 몸판의 가장자리처럼 바이어스 테이프를 둘러 시접
   을 마무리할 것이므로 역시 시접을 따로 주지 않아도 된다.
④ ㄹ처럼 어깨 부분만 시접 1cm를 주고 재단가위를 이용해 ㅁ, ㅂ과 같이 몸판
   과 여밈 부분을 자른다.

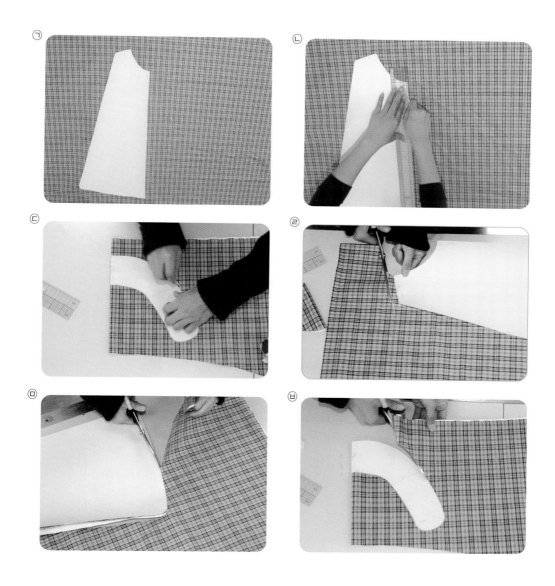

🌀 봉 제

① ㉠과 같이 재단된 것을 ㉡의 사진처럼 여밈 부분을 한쪽 어깨에 연결한다.

② ㉢과 같이 시침핀을 이용해 ㉡에서 연결한 몸판과 여밈의 가장자리에 바이어스 테이프를 고정시킨다.

③ ㉣과 같이 고정시킨 바이어스 테이프를 재봉틀을 이용해 박아 준다.

④ ㉤과 같이 여밈 부분이 달려있지 않은 반대 쪽 어깨에 벨크로를 박는다.

⑤ ㉥과 같이 여밈 부분의 끝에도 벨크로를 박아 식사용 에이프런을 완성한다.

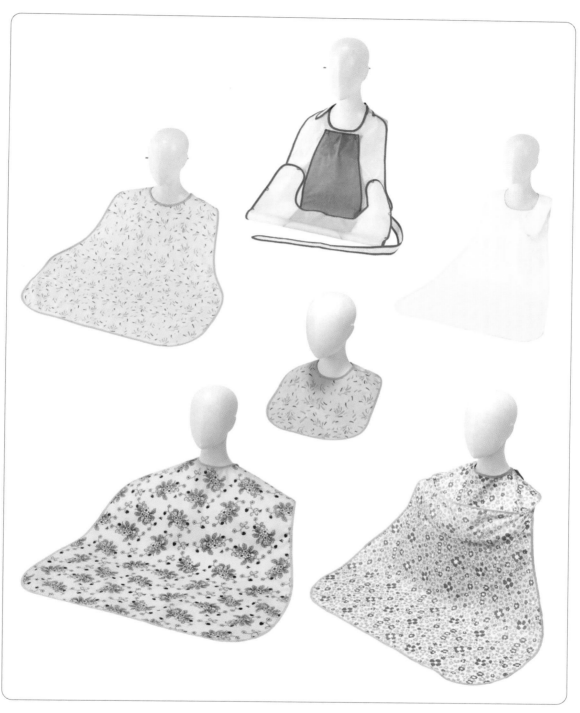

▶▶ 식사용 에이프런의 예

2) 휠체어용 무릎덮개

체온 조절이 원활하지 않은 휠체어 사용자에게 매우 유용한 생활용품인 무릎덮개는 그냥 작은 담요를 무릎에 덮어서 사용해도 좋지만 활동성과 패션을 고려해 휠체어용 무릎덮개를 만들어 사용하면 외관이 더 단정하고 아름답게 보일 수 있다.

휠체어에 앉은 상태에서 착용할 수 있게 끈으로 묶어 고정할 수 있도록 하고, 그 끈은 무릎덮개를 사용하지 않을 때 담요처럼 감은 후 고정시킬 때 사용할 수도 있다. 이때 무릎 뒤쪽에서 아랫자락을 여며 주어 다리를 보온해 주거나 커다란 주머니를 달아 휴대폰이나 지갑 등의 소지품을 넣을 수도 있게 해도 좋다. 커다란 주머니는 움직이지 않는 동안에는 손을 따뜻하게 보온해 주므로 일석이조의 효과가 있다.

(1) 디자인

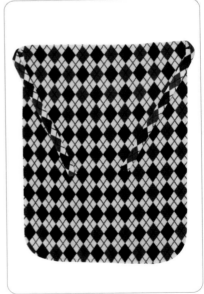

(2) 재료 및 용구

• 겉감 : 폴라폴리스
• 부속 재료 및 용구 : 재봉실, 초크, 시침핀, 재단가위

(3) 제작 방법 및 순서

◉ 제 도

① 가로 80cm, 세로 100cm의 직사각형을 그린다.
② 무릎에 덮었을 때 발목 부분 양쪽이 끌리는 것을 방지하기 위해 직사각형의
   양쪽 아래 부분을 둥글려 준다.
③ 무릎덮개의 끈은 가로 3cm, 세로 65cm의 직사각형을 그리면 된다.

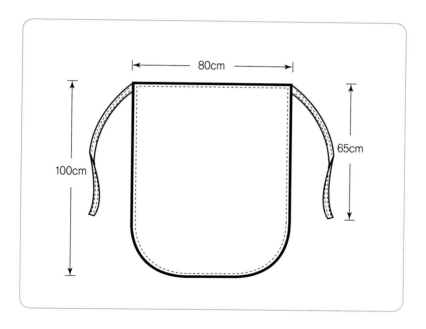

재 단

① ㉠처럼 제도한 무릎덮개의 패턴을 천 위에 놓고 ㉡처럼 시접을 1cm씩 주면서 자른다.

② 자른 후의 모습은 ㉢과 같으며, 패턴을 떼어 내면 ㉣과 같다.

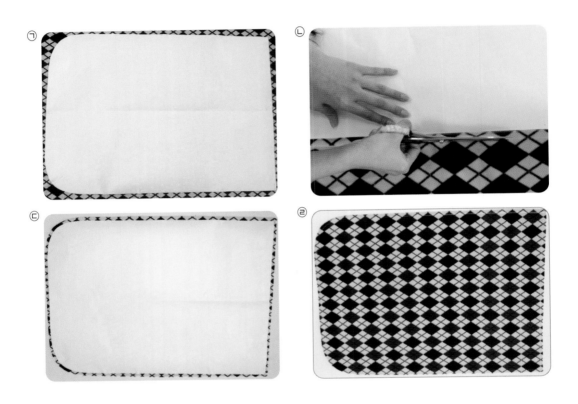

③ 무릎덮개의 끈은 ㉤과 같이 패턴을 천 위에 두고, ㉥과 같이 폭이 6m가 되도록 펼쳐서 그린 후 네 면 모두 시접을 1cm 주면서 자른다.

🌀 봉 제

① ㉠과 같이 무릎덮개의 가장자리를 오버로크로 처리한다. 오버로크는 집 근처에 있는 세탁소나 의류수선점에 맡겨도 되고, 가정용 재봉틀이 있을 경우에는 지그재그 박기를 이용해 박아 주면 된다.

② ㉡처럼 시접을 안쪽으로 접어 중심선을 기준으로 반을 접는다. 시접이 맞닿은 부분을 재봉틀로 박은 후 ㉢과 같이 무릎덮개 양쪽에 끈을 달아 준다. 완성된 모습은 ㉣과 같다.

3) 보온토시

하반신에 보온이 필요한 경우에 간단히 사용할 수 있는 보온용 토시는 내복보다 보온성이 좋고, 화장실에 갔을 때 옷을 벗어야 하는 번거로움이 없어 매우 편리하다.

허벅지부터 발목까지 내려오는 길이의 토시와 무릎 바로 위부터 발목까지 내려오는 길이의 토시를 각각 만들어 보자. 이때 발목 부분을 신축성 있는 니트로 제작하면 탈·부착하기도 쉽고 보온 효과도 높아진다.

A. 허벅지부터 발목까지 내려오는 토시

 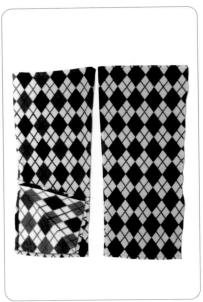

(1) 재료 및 용구

• 겉감 : 폴라폴리스
• 부속 재료 및 용구 : 재봉실, 스냅, 초크, 시침핀, 재단가위

(2) 제작 방법 및 순서

🟢 제 도

① 세로 길이 90cm(착용자의 허벅지부터 발목까지의 길이), 가로 위 길이
20cm(착용자의 허벅지둘레의 1/2 길이), 가로 아래의 길이 15cm(착용자의
발목둘레의 1/2 길이)로 제도를 한다.
② 발목부터 위로 20cm는 트임을 주어 스냅을 이용해 열고 닫을 수 있게 한다.

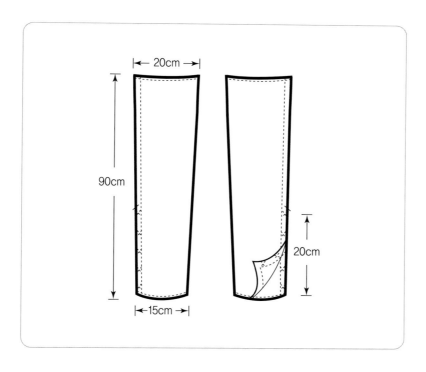

● 재 단

① 제도한 토시의 패턴을 ㉠과 같이 천 위에 올려 시침핀으로 고정을 한다.

② 시접을 1~1.5cm 준 다음 ㉡과 같이 재단가위로 자른다.

㉠

㉡
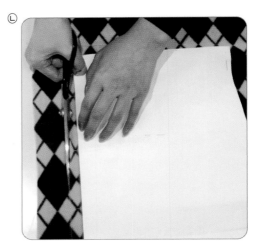

● 봉 제

① 재단한 토시의 가장자리를 ㉠과 같이 오버로크 쳐 준다.

② 오버로크한 토시의 세로 부분(입었을 때 옆선이 된다)을 ㉡과 같이 박는다.

㉠

㉡

③ ㉢처럼 20cm 트임을 주었던 종아리 부분에 스냅을 달아 ㉣처럼 완성한다.
이렇게 하면 의족을 사용하는 장애인의 경우에도 쉽게 입고 벗을 수 있어
좋다.

㉢

㉣

B. 무릎 위부터 발목까지 내려오는 토시

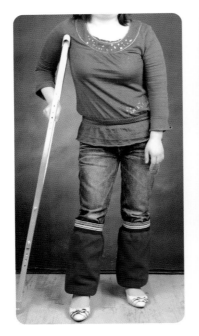 

(1) 재료 및 용구

- 겉감 : 폴라폴리스, 시보리(RIB)
- 부속 재료 및 용구 : 재봉실, 초크, 시침핀, 재단가위

(2) 제작 방법 및 순서

🔘 제 도

① 세로는 24cm(착용자의 무릎부터 발목까지의 길이), 가로의 위는 20cm(착
   용자의 무릎 위 둘레의 1/2 길이), 아래는 17cm(착용자의 발목둘레의 1/2
   길이)가 되도록 사다리꼴을 그린다.

② 무릎 부분의 시보리 길이는 18cm(착용자의 무릎 위 둘레의 1/2 길이 −2cm),
   발목 부분의 시보리 길이는 14cm(착용자의 발목둘레의 1/2 길이 −3cm)가
   되도록 제도를 한다.

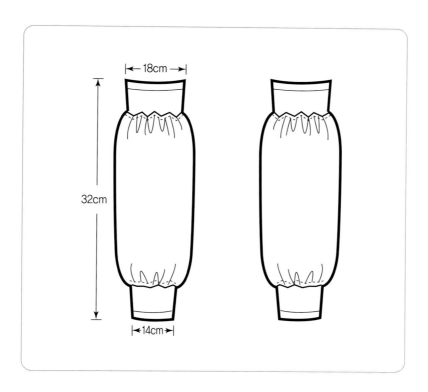

🌀 재 단

① ㉠과 같이 짙은 갈색 폴리에스테르를 1~1.5cm 정도 시접을 주고 자른다.

② ㉡과 같이 토시를 만들 천 4장을 준비하고 ㉢처럼 시보리를 무릎둘레 부분
과 발목둘레 부분 각각 2개씩 4개를 준비한다.

🌀 봉 제

① ㉠과 같이 토시의 위와 아래 부분을 제외한 양옆을 박아 준다.

② ㉡처럼 시보리를 토시의 위, 아래에 박아 ㉢과 같은 모양이 되게 한다.

㉠

㉡

㉢

▶▶ 다양한 토시의 예

4) 망 토

 상반신에 보온이 필요한 경우에 사용할 수 있는 망토는 코트보다 착용이 편하면서도 가볍고, 보온 효과와 패션성이 있어 장애 여성에게 매우 유용한 아이템이다.
 목발 사용자나 보장구를 사용하지 않는 장애인은 기성 망토를 구매해 착용해도 무리가 없지만 휠체어를 사용하는 장애인은 등부터 엉덩이까지 내려오는 긴 길이의 망토는 따뜻해서 좋지만 휠체어로 인해 불편함을 준다. 그러므로 앞쪽은 허벅지 정도까지 내려오는 길이로 하고, 등쪽은 길이를 허리까지 오게 하여 제작을 하면 보온성을 높이면서 착용했을 때 등 부분이 불편한 것을 해소할 수 있다.

(1) 디자인

(2) 재료 및 용구

• 겉감 : 폴라폴리스
• 부속 재료 및 용구 : 재봉실, 바이어스 테이프, 스냅, 초크, 시침핀, 재단가위

(3) 제작 방법 및 순서

◉ 제 도

앞은 폭 100cm, 길이 90cm가 되도록 제도하고, 뒤는 폭 56cm, 길이 45cm가 되도록 제도한다.

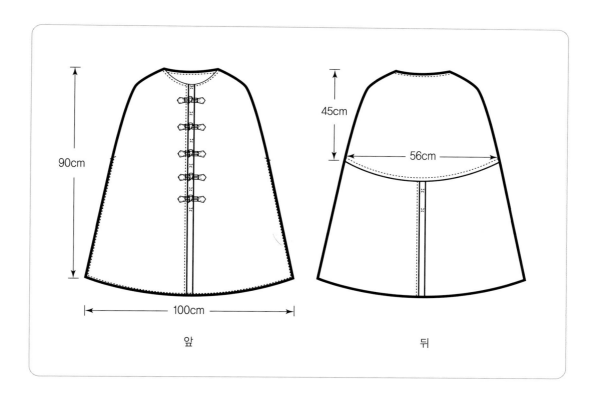

앞   뒤

● 재 단

① ㉠과 같이 제도한 패턴을 천 위에 올려 놓고 시접을 1.5cm 둔 후 ㉡처럼 자르면 ㉢과 같이 된다.

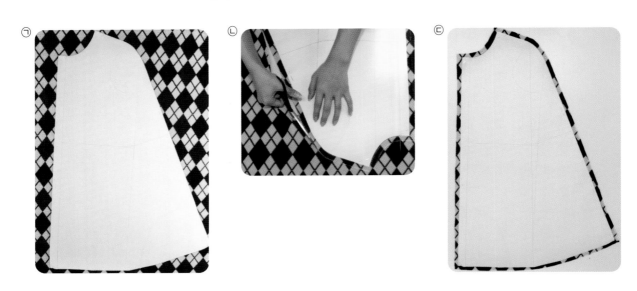

② ㉣과 같이 앞판의 중심을 골로 재단한 후 중심을 잘라 ㉤처럼 양쪽으로 나누어도 된다.

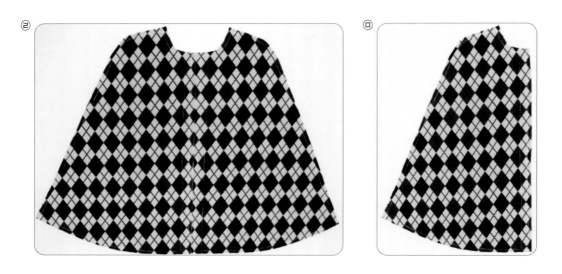

③ 망토의 뒤는 ㉿처럼 패턴을 천 위에 둔 후 ㉾과 같이 1.5cm 시접을 두고 자
   르면 ㉿처럼 된다.

㉿

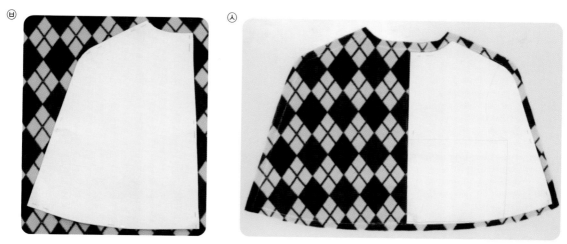

㉾

㉿

● 봉 제

① ㉠과 같이 재단한 망토의 앞판과 뒤판을 오버로크 쳐 준다.

② ㉡과 같이 망토의 앞판과 뒤판의 옆선을 박아 연결한다.

③ 앞판과 뒤판을 박은 후 솔기를 ㉢처럼 한쪽으로 눕혀 한 번 더 박아 튼튼하
게 해준다.

④ ㉣처럼 바이어스 테이프로 목둘레, 앞중심선, 앞도련, 뒤도련 부분 등을 둘
러 가장자리를 마무리해 준다.

㉠
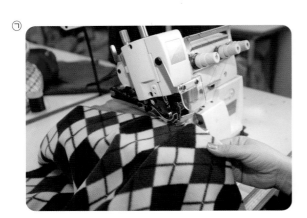

㉡

㉢

㉣

⑤ 망토의 여밈은 ⑩, ⑪, ⑪과 같이 스냅을 달아 준다. 이렇게 하면 손이 불편
   한 장애인도 망토를 편하게 입고 벗을 수 있다.
⑥ ⑩처럼 망토의 겉쪽에 토글을 달아 주면 기능성과 패션을 겸한 망토가 된다.

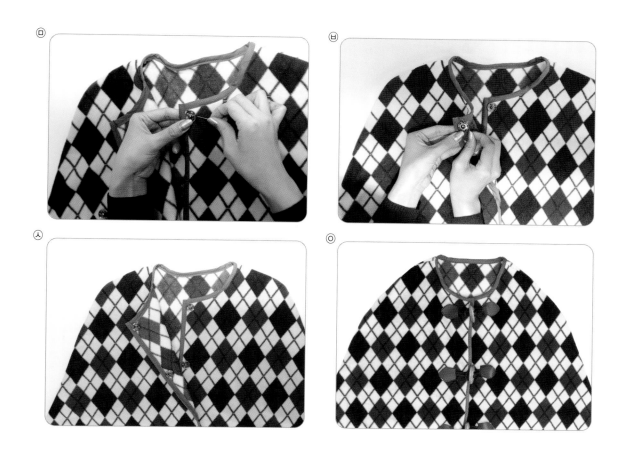

2. 내 몸에 맞게 입자, 리폼하기

　건축, 디자인, 가구 등 여러 제품에서 사용되는 리폼(reform)은 '다시 만들다, 고쳐 만들다, 재편성하다'의 뜻으로 쓰인다. 따라서 의복에서의 '리폼'은 기존의 의류를 새로운 형태의 의복으로 만들어 예전과는 전혀 다른 스타일의 옷이 되게 하는 것이다. 낡은 것을 새로운 것으로, 다른 스타일로 보이게 하는 것이 주된 목적일 수도 있고, 낡은 느낌을 간직하고 보완하거나 낡은 것을 더 낡아 보이게 하는 경우도 있다.

　흔히 사람들은 리폼이라고 하면 '옷을 수선한다'라고 생각을 해서 유행이 지났거나 변형, 손상된 의복을 형태 개조와 색상을 바꾸고 수선하여 새 옷처럼 입을 수 있게 하는 것으로 본다. 그러나 최근에는 낡은 느낌을 그대로 간직하거나 다른 옷과는 다른 희소성을 위해서 인위적으로 리폼을 하기도 한다. 유행에 민감한 20~30대의 젊은 여성들이 빈티지 스타일에서 한 단계 발전한 리폼 룩을 연출하는 것이 그 예라고 할 수 있다.

　장애 정도가 약한 장애인이나 보장구를 사용하지 않는 장애인의 경우 일반 기성복을 입어도 불편함이 없기 때문에 지금부터 다루는 리폼은 목발이나 휠체어를 사용하는 장애인을 위한 것으로 기능성을 높인 리폼을 한 예이다.

1) 티셔츠 리폼

(1) 목발을 사용하는 장애인을 위한 기능성 티셔츠 리폼

기성복 티셔츠의 겨드랑이에 짙은 색의 무를 덧대어 오염 방지 및 팔의 이용을 쉽게 한다. 목발로 인해 겨드랑이가 아플 경우 이를 좀 더 완화시켜 주기 위해 무 안쪽에 쿠션처럼 솜이나 패드를 덧대 줄 수도 있다. 이때 쿠션 효과를 하는 솜이나 패드를 탈·부착할 수 있도록 하여 세탁이 쉽게 해도 좋다.

▶▶ 겨드랑이에 무를 대는 리폼 전

▶▶ 겨드랑이에 무를 대는 리폼 후

(2) 휠체어를 사용하는 장애인을 위한 티셔츠 리폼

사이즈가 큰 기성복 티셔츠(왼쪽)의 라운드 네크라인을 입고 벗기 편하게 V 네크라인으로 만들고(가운데), 밑단 부분을 잘라 낸 천으로 겨드랑이부터 옆선까지 무를 대서 만든 티셔츠(오른쪽)이다.

▶▶ 리폼 전의 티셔츠

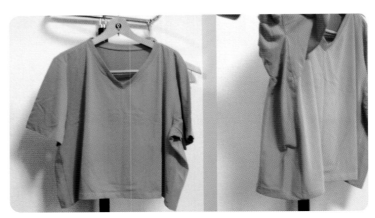

▶▶ V 네크라인으로 리폼한 티셔츠(좌), 무를 대어 리폼한 티셔츠(우)

2) 점퍼 리폼

휠체어를 사용하는 장애인의 경우 소매 부분이 휠체어 바퀴와 닿으면서 오염

▶▶ 리폼 전의 점퍼

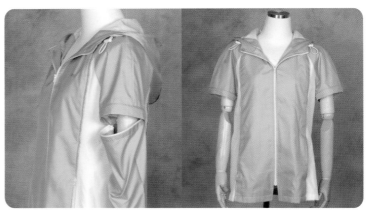

▶▶ 소매를 분리할 수 있게 리폼한 점퍼

되기 쉽다. 소매 부분만 오염이 되었을 때 소매 부분만 떼어 내어 세탁할 수 있도록 개조를 해주면 사용의 편의를 높여 효율적인 점퍼가 된다.

3) 블라우스, 셔츠 리폼

의족을 사용하면 팔을 넣고 빼기가 불편한데, 의족이 있는 쪽을 지퍼를 이용해 트임을 줌으로써 의족의 탈·부착을 쉽게 하여 장애인이 입고 벗기 편하게 개조한다. 이때 여밈 부분은 겉으로는 일반 블라우스처럼 단추여밈으로 제작하되 실제 여밈은 벨크로를 이용해 손의 사용이 부자유스러울 경우에도 여닫기 편하게 한다.

▶▶ 리폼 전의 블라우스

▶▶ 앞여밈을 벨크로를 달아 리폼한 모습(좌), 목부터 소매까지 트임을 준 리폼 후(우)

이외에도 셔츠의 앞여밈을 벨크로 대신에 지퍼를 이용해 여닫을 수 있도록 개조할 수도 있고, 소매를 반팔과 긴팔로 입을 수 있도록 지퍼를 이용해 탈·부착할 수 있도록 개조할 수도 있다.

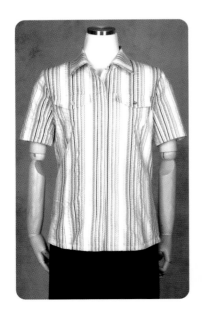

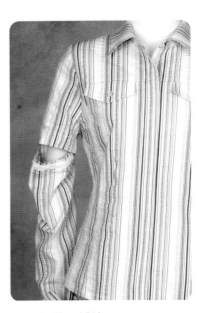

▶▶ 리폼 전의 셔츠 모습(좌), 앞여밈을 지퍼를 달아 리폼한 모습(중), 소매를 분리할 수 있게 리폼한 모습(우)

3. 기성 웨딩드레스 리폼하기

결혼식은 특별하고 귀한 행사로 결혼을 하는 신부라면 장애의 유무를 떠나 그 누구보다 아름다운 웨딩드레스를 입기를 원한다.

웨딩 촬영을 하는 날이나 결혼식 당일에 신부는 장애가 없더라도 도우미가 옆에 붙어서 웨딩드레스를 입고 벗는 것을 도와준다. 하물며 휠체어를 사용하고 앉고 서기에 힘이 드는 중증 장애 여성에게 기성 원피스형 웨딩드레스는 도우미가 있어도 입고 벗기 힘들다.

더욱이 일반 웨딩드레스는 맞추거나 대여를 해서 입어야 하는데 맞추는 가격은 비싸서 경제적으로 어려운 장애인들에게는 부담이 되고, 대여를 해서 입을 경우 체형에 맞지 않고 활동에 불편을 준다.

따라서 이 장에서는 기성 웨딩드레스를 입기에 어려움이 있는 휠체어를 사용하는 장애인과 목발을 사용하는 장애인, 뇌성마비와 편마비자를 위한 기성 웨딩드레스의 리폼에 대해 살펴보도록 하자.

1) 휠체어를 사용하는 장애인을 위한 웨딩드레스의 리폼

휠체어를 사용하는 장애인은 주로 앉아서 웨딩드레스를 착용하기 때문에 원피스형 웨딩드레스를 탑과 스커트로 분리하여 입고 벗기 쉬운 투피스형 웨딩드레스로 리폼을 한다. 이때 분리한 탑이 스커트를 덮을 수 있도록 하여 탑과 스커트가 분리되었다는 느낌을 없애 일반 웨딩드레스처럼 보이게 한다.

탑은 옆이나 뒤쪽을 트임으로 처리하여 혼자서도 입고 벗기 쉽도록 하고, 스커트는 옆선에 트임을 줘서 스커트를 휠체어에 펼쳐 놓은 상태에서 그 위에 장애인이 앉은 후, 장애인 스스로 여밈을 닫을 수 있도록 리폼을 하면 기능성이 높으면서도 쉽게 제작을 할 수 있어서 좋다.

▶▶ 탑과 스커트로
　　 분리한 모습

▶▶ 웨딩드레스 리폼
　　 완성 모습

2) 목발을 사용하는 장애인, 뇌성마비와 편마비자를 위한 웨딩드 레스의 리폼

목발을 사용하거나 뇌성마비, 편마비를 가진 장애인은 원피스형 웨딩드레스를 착용하는 데 큰 어려움이 없으므로 기성 웨딩드레스를 분리하지 않고 손을 넣고 빼기 쉬운 쪽에 초점을 맞추어 리폼을 해준다.

탑의 어깨부분부터 스커트의 옆선까지 모두 트임 처리하거나 겨드랑이부터 스커트 옆선까지 트임을 주어 입고 벗기 쉬우면서도 새로운 웨딩드레스의 느낌을 주도록 개조한다.

이처럼 기성 웨딩드레스를 개조하면 기능성 있는 웨딩드레스를 저렴하게 제작할 수 있어 장애인들의 경제적인 부담도 줄여 주고, 의복의 재활용 측면에서도 좋다.

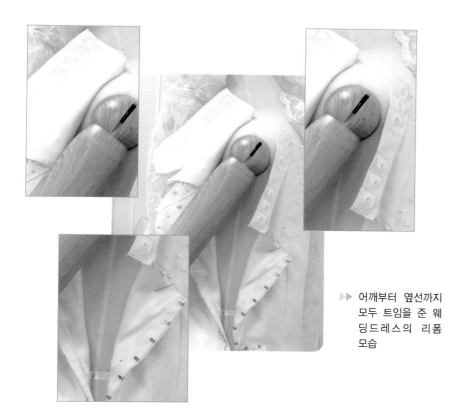

▶▶ 어깨부터 옆선까지 모두 트임을 준 웨딩드레스의 리폼 모습

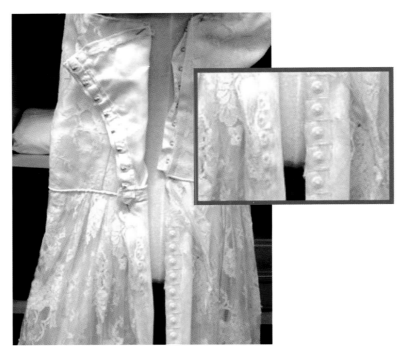

▶▶ 겨드랑이부터 스커트 옆선까지 트임을 준 웨딩드레스의 리폼 모습

tip *

패션 소품 및 의류 리폼 숍 소개

명동사

30년이 넘는 전통을 자랑하는 명동의 명물 중 하나. 해외 유명 브랜드 가방, 모자, 구두 등을 수선해 준다. 1층은 구두, 3층과 4층에서는 핸드백이나 여행용 가방, 벨트, 특수한 가죽옷, 지갑 등을 수선한다.

위치 : 명동 입구에서 중국대사관 방향으로 50M
문의 : 02)774-9359

삐삐 옷수선

청바지를 청 스커트로 만들어 주는 곳으로 유명하다. 하루에 13벌 정도의 데님을 수선한다는 이곳은 최신 디자인의 9부 데님 팬츠도 멋스럽게 뚝딱 만들 만큼 숙련된 노하우를 자랑한다. 재미있는 이름만큼이나 개성 있는 옷을 만들어 주며, 특히 가죽, 무스탕, 밍크 등과 남자 양복 등 고치기 어려운 옷들을 잘 고쳐 연예인들의 발길이 끊이지 않는다.

위치 : 이대 정문에서 오른쪽 도로로 30M
문의 : 02)362-8892

리폼 하우스

주문, 피팅 공간과 공장을 분리시켜 리폼의 전문성을 추구한 것이 리폼하우스의 특징이다. 리폼을 원하는 고객이 직접 디자인을 선택하고 전문 디자이너가 피팅을 한 후 고객을 매장 내 공장과 연결된 CCTV를 통해 실시간 주문 및 작업 현장을 확인할 수 있다. 지방 주문도 받고 있으며, 마음에 들지 않을 경우 100% A/S를 해준다고 한다. 수선과 창작을 함께 적용한 최고급 전문 숍이다.

위치 : 이대 정문 던킨도너츠 맞은 편 첫 번째 수선집
문의 : 02)365-0619

안토니오 옷 병원

이름부터가 독특해서 사람들의 호기심을 자극하는 곳. 그야말로 고장난 옷들을 고쳐 주는 옷 병원이다. 사장님은 39년간 양복점과 양장점에서 옷을 만든 경험을 바탕으로 수선점과 맞춤점을 결합, 유행이 지나 촌스런 원피스도 사장님 손에 닿으면 배꼽 블라우스와 미니스커트로 새롭게 태어난다.

위치 : 신사동 현대고교 건너편 2층
문의 : 02)3442-7442

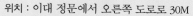

CHAPTER 6

외국의 장애인 의복

1. 미국의 장애인 의복
2. 영국의 장애인 의복
3. 스웨덴의 장애인 의복
4. 일본의 장애인 의복

외국의 장애인 의복 외국의 장애인 의복

21세기의 사회는 정치·경제·사회·문화·교육 등 모든 영역에서 정신적·물질적으로 대변혁이 일어
나고 있다. 이러한 시대적 변화와 함께 세계 각국은 장애인의 인간적 존엄성에 대한 인식을 높이고,
장애를 포함한 만인의 행복한 삶을 영위할 수 있는 복지 사회 건설을 추진하고 있다. 따라서 이 장
에서는 장애인 의복이 상품화되어 판매와 구매가 활성화된 미국, 영국, 스웨덴, 일본의 장애인 의류
시스템에 대해 살펴보고자 한다.

외국의 장애인 의복

1. 미국의 장애인 의복

　미국은 정부가 장애인의 평균 신체치수를 측정하여 데이터화한 후 생산업체에 이를 공개하고, 장애인이 의류를 구입할 때 구입가의 일정량을 지원하는 등 사회적인 지원이 이루어지고 있다. 이외에 사업가, 복지가, 후원회 등이 사회복지나 봉사 차원에서 장애인복을 생산해 공급하기도 한다.

　무엇보다 미국은 기능성을 갖춘 장애인 의복을 직접 생산하여 판매하는 업체가 많고, 장애인 의복의 가격이 일반 기성복 수준이거나 오히려 더 저렴하여 장애인들이 옷을 살 때 가격이 제한요건이 되지 않는다.

　미국은 장애인 의류사업이 가장 활성화되어 있는 나라로 장애인 의복을 전문적으로 다루는 패턴업체들이 60여 개 이상 있다.

　Professional Fit Clothing은 장애인복을 맞춤 생산하는 대표적인 회사로 기성복과 맞춤복의 중간 형태 생산방식을 취하고 있다. 즉 미리 기성복을 싼 값에 구입하거나 생산하여 같은 사이즈와 같은 색상의 옷을 많이 생산해 놓고, 소비자가 직접 와서 옷을 구입하면 소비자의 신체를 측정하여 거기에 맞게 기성복을 수선하여 몸에 맞게 고쳐 주는 생산방식이다. 이는 원가절감과 큰 이윤을 남기게 한다. 단, 복잡하거나 기능적인 장애인 의복보다는 아주 간편하지만 하나의 기능이 생활을 편리하게 할 수 있는 제품만을 판매한다.

인터넷으로 주문이 가능하기 때문에 소비자가 주문할 때 사이즈를 보내 주면 거기에 맞춰 옷을 만들고, 소비자가 직접 방문할 경우에는 사이즈를 직접 재서 체형대로 의복을 수정해 만들어 준다. 개인적인 주문 외에도 장애인 단체나 보호시설, 병원 등에서 단체로 주문을 하는 경우도 있고 정부의 보조금이 있기 때문에 경영도 어렵지 않다.

▶▶ 기저귀를 쉽게 갈 수 있는 기능성 바지

▶▶ 뒤는 짧고 앞은 긴 방한 망토

Able Apparel Co.는 기성복 생산 시스템을 갖고 생산, 판매하는 회사로 프리랜서 디자이너에게 디자인을 주문하고 하청업체에서 생산을 한다.

옷을 구입할 경제적 능력이 없는 사람을 위해서는 여러 단체와 개인의 후원금을 받아 운영한다. 각각의 장애 유형에 맞춰 생산하는 것이 불가능하기 때문에 베스트 아이템을 주력으로 생산, 판매하고 있다.

▶▶ 소매부터 옆선까지 트임을 준 기능성 셔츠

▶▶ 앞여밈은 지퍼를 달고 바지가랑은 스냅을 달아 입고 벗기 쉽게 한 의복

2. 영국의 장애인 의복

영국은 심장병이나 장기적 질환까지도 장애로 보는 광범위한 장애인의 범위 때문에 장애인이 영국 국민 7명 중 한 명에 해당하는 비율로 있다.

장애인의 실태 조사를 매년 실시하고 장애인구 조사는 주로 General Household Survey(GHS)와 The Labour Force Survey 에서 실시하고 있다. 장애인의 체형에 관한 조사는 아직 이루어지고 있지 않지만 장애인에 대한 분류가 워낙 세분화되어 있기 때문에 이러한 자료를 바탕으로 장애인의 신체 손상 정도나 장애 부위 등을 알 수 있다.

영국 전역에 장애인 의복을 제작하는 여러 곳이 있지만 대부분 소규모로 생산되고, 기성복과 같이 대량 생산되고 있지는 않다. 장애인 의복을 직접 제작하여 판매하는 곳과 장애인 의복에 관한 상담 및 기성복을 수선해 주는 곳이 있는데, 유행을 따르기보다는 장애를 지닌 이들의 신체를 보호하고 활동을 편하게 하며, 스스로 입고 벗기 쉽게 제작하여 자립심을 키우는 기본 역할에 더 중점을 둔다. 장애인을 위한 특수복은 일반 기성복보다 훨씬 사이즈가 다양하기 때문에 주문 생산을 통해 제작하기도 하며, 의복의 가격은 기성복보다 비싸지만 구입하지 못할 정도의 가격은 아니다. 그리고 특수 의복을 구입할 때 상당 부분 자선단체나 자원 봉사에 의해 보조되고 도움을 받고 있다.

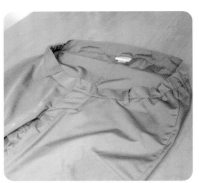

▶▶ 뒤는 높이고 앞은 짧게 만든 휠체어 사용자를 위한 기능성 바지

Disabled Living Foundation(DLF)은 장애인에게 전문적인 서비스를 제공하는 영국의 대표적인 장애인복지기관으로 특수 기구를 제공하여 장애인들의 삶을 편리하고 안정되게 도와주고, 다양한 재활 활동, 상담 활동, 기부금 모금, 제품 판매 등 장애인의 생활 전반에 걸친 서비스 프로그램을 운영하고 있다.

3. 스웨덴의 장애인 의복

비장애인과 다름없는 폭넓은 참여와 평등의 사회를 이루고 사는 사회, 장애인에 대한 책임이 사회 전체에게 있는 곳, 그래서 궁극적으로 국가와 지방 정부가 장애인의 평등한 권리에 책임을 지는 나라가 바로 스웨덴이다. 스웨덴이 세계 어느 나라보다도 복지가 잘된 나라라는 칭호를 갖게 된 것은 냉전이나 전쟁을 겪은 적이 없고, 방대한 천연자원을 배경으로 1950~1970년대에 이룬 커다란 경제성장 덕분에 사회 개혁이 가속화될 수 있었기 때문이다.

스웨덴은 신체장애자라는 개념을 쓰지 않고 고용곤란자(hard-to-employ)라는 개념을 도입하여 신체적, 정신적 장애는 물론 각종 사회적 장애로 인하여 취업을 하기 어려운 사람들로 그 범위를 확대 사용한다. 따라서 스웨덴에는 장애인 등록 제도와 장애 등급이 없으며 개인의 욕구와 필요에 따라 적합한 장애인복지서비스가 제공되고 있다.

▶▶ Independent Living Institute
의 Fashion Freaks를 통해 제작
된 기능성 바지들

스웨덴에서 장애인 단체들은 정부와 의회 그리고 지방정부로부터 홍보, 정보 수집 그리고 인구 활동을 포함한 경제적인 지원을 받는다. 그리고 정부는 장애인 문제에 관해서 직접적인 활동과 경험을 가지고 있는 장애인 조직을 장애인 문제의 고문으로 인정하고 있다. 이렇게 정부로부터 인정을 받은 장애인 고문들은 중앙정부, 지방정부에서 장애인 문제에 대한 참고인으로서 역할을 담당하게 된다. 이러한 안정된 장애인들의 활발한 활동들로 인해 스웨덴의 장애인의 권리와 관련된 법률은 장애인이 겪고 있는 교육, 환경, 그리고 사회 서비스 등 여러 가지 문제들을 통합하려는 장애인 스스로의 의지에 의해서 만들어지고 있는 것이다.

1968년에 창립된 Swedish care institute는 장애인 정책 등 복지 홍보 및 교육을 주관하는 연구소로 통상부와 스웨덴장애연구소로 구성되어 있는 정부 지원 조직이다.

The Swedish Handicap Institute는 장애인 복지 연구 및 홍보를 담당하는 국가 기관으로 90여 명의 종사자가 중앙정부와 지방자치단체의 정책을 연구하고 장애 유형별 재활 보조 기구의 제작에 참여하고 있다. 또한 재활 보조 기구의 보급 사업, 장애인 보장구 사용의 적합성 시험 및 사용 승인을 하고 있다.

Independent Living Institute는 휠체어 사용자들이 직접 옷을 제작해 입을 수 있도록 무료로 아이템별 패턴과 제작할 수 있는 방법을 제공하고 있다.

▶▶ Independent Living Institute의 Fashion Freaks를 통해 제작된 기능성 재킷

4. 일본의 장애인 의복

　일본의 장애인 실태 조사는 후생성에서 5년에 한 번씩 실시하며, 신체치수의 측정은 이루어지고 있지 않다. 그 이유는 첫째, 장애부위가 너무나 다양해 통계를 낼 때의 기준이 없고, 신체치수를 재기가 너무 힘들기 때문이다. 둘째는 신체치수를 측정하는 타당한 이유가 없어서 개인의 프라이버시를 침범한다고 하여 측정을 하지 않는다. 그러나 무엇보다 개인차가 너무 심해서 기성복 제작을 위해 통계를 내는 것은 무의미하다는 것이 관련자들의 의견이었다.

　장애인 의복 구입에 대한 정부의 지원은 없으며, 장애인복 관련 업체나 연구소에 대한 지원도 없다. 단, 복지 조성금은 정부에서 일부 지원하고 있다. 장애인의복의 경우 복지기구와 달리 장애 등급별 판정이 어렵고, 필요의 유무를 판정하기가 어려우며 개인별로 요구도가 달라서 지원이 이뤄지고 있지 않다고 한다. 그러나 신발의 경우는 장애 보조 용품으로 취급되어 의사의 판정이 있으면 보조금이 지원된다.

　도쿄에만 377,000명(2002. 12)의 신체 장애인이 사는 일본은 장애인을 위한 기능성 의복이 많이 발달했다. 기저귀 커버(오줌받이 팬츠)에서부터 속옷, 잠옷, 평상복 등 기능성 의복이 기성복화 되었고, 각 현에 있는 복지종합센터에서는 다양

▶▶ 스냅을 달고 조절 끈을 달아 기능성을 준 기저귀 커버(오줌받이 팬츠)

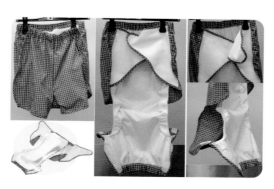

▶▶ 겉은 일반 팬츠처럼 보이게 하고 속은 방수용 천과 벨크로를 이용해 기능성을 준 사각 팬츠

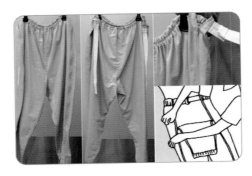

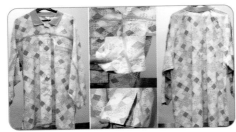

▶▶ 지퍼와 조절 끈을 이용해 기능성을 준 바지(맨 위), 소매부터 가슴까지 지퍼를 이용해 세로로 트임을 준 상의(중간)와 유아용 올인원처럼 스냅을 이용해 팬티를 입고 벗을 수 있게 만든 기능성 의복(맨 아래)

한 복지용품과 의류제품을 전시하고 판매하고, 연구소와 중소기업에서는 여러 가지 기능성 의복을 연구하여 생산·판매한다.

일본의 경우, 백화점이나 의류매장이 있는 쇼핑몰에는 수선점이 하나씩 있는데 우리나라의 세탁소나 수선가게와는 다르게 기업형태로 운영이 된다. 그 예로 기성복 개조(reform)를 전문으로 하는 회사인 앙코튼(encoton)은 기성복이나 기모노를 개조해 주고, 매달 의복 개조에 관한 유인물을 제작해서 매장에서 무료로 배부하며, 매장에 전문 분야가 다른 2~3명의 직원을 배치해 개조 의뢰와 개조를 담당하게 한다.

일본에서는 '장애인 의복' 보다는 '개호복(介護服)'이라는 명칭이 일반화되어 있고, 근래에는 코베(Kobe)나 미야자키(Miyazaki)처럼 개호복에 유니버설 패션 디자인 개념을 적용해 보다 적극적으로 장애인을 위한 의복을 개발하는 곳이 늘고 있다.

외국 장애인복 관련 사이트

1. Adaptive Clothing

http://www.adaptiveclothing.com

장애 남성과 장애 여성의 일상복, 실내복, 실내화, 속옷 등을 판매한다.

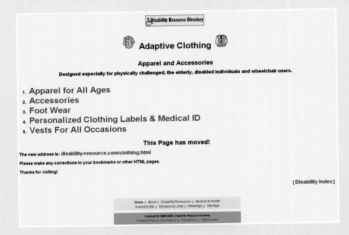

2. Easyacces Clothing

http://easyaccessclothing.com

어린이, 성인을 위한 바지, 셔츠, 판초, 망토, 점퍼, 수영복, 속옷, 잠옷 등을 판매한다.

3. Fordes' s Functional Fashion

http://www.fordes.com/cart.asp

턱받이나 휠체어용 소품, 언더패드, 판초, 우비, 잠옷, 남성용 셔츠, 슬리퍼, 여성용 점퍼 수트와 스커트 등을 판매한다.

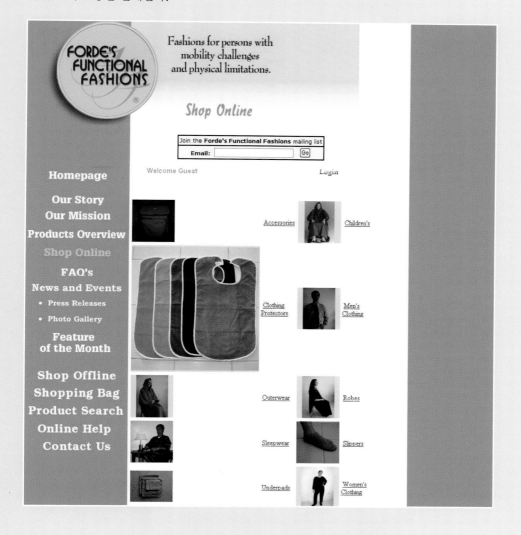

4. Able Wear

http://www.able2wear.co.uk

무엇보다 음성으로 사이트에 대한 설명을 선택해서 들을 수 있도록 되어 있는 것이 특징이
다. 휠체어용 소품부터 다양한 액세서리, 아동과 여성 및 남성을 위한 의복, 우비, 망토, 장
갑, 빗, 버튼 후크, 온도 감지계나 흡연자를 위한 에이프런 같은 실용적인 아이템까지 다른
사이트보다 매우 다양한 물품을 판매한다.

5. Clothing Solutions

http://www.clothingsolutions.com

남녀 일상복, 도움이 필요한 환자를 위한 개조복, 휠체어 사용자를 위한 뒤트임을 사용한 일상복과 엉덩이 부분을 제거한 일상복 등을 판매한다. 이외에 신고 벗기 쉬운 신발도 판매한다.

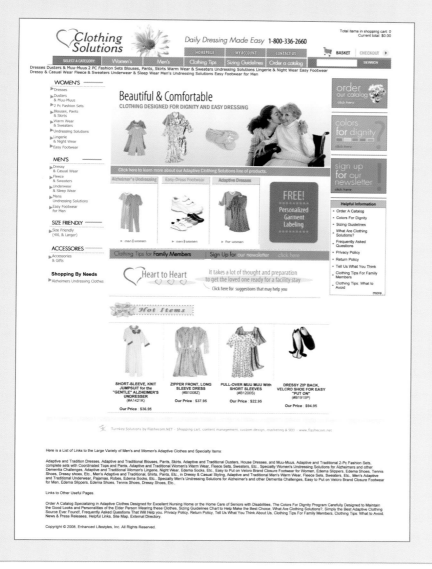

부 록

장애인을 위한 국내의 인터넷 의류 및 용품 판매 사이트

SATCMALL	www.satcmall.com
유피토 인터네셔널	www.upito.com
마이리오	www.my-rio.co.kr

장애인을 위한 인터넷 판매제품

구 분	장애인을 위한 판초
디자인 특 성	방수성, 통기성 소재를 사용하고 앞 지퍼 여밈과 고무밴드 처리한 후드가 있어 한기, 습기 방어 휠체어, 스쿠터 이용자에게 탁월함

www.ableapparel.com

구 분	장애인을 위한 벨크로 테이프 여밈 응용 의복
디자인 특 성	벨크로는 힘을 들이지 않고도 여밈이 편리하여 편마비나 뇌성마비 장애인과 같이 손의 힘이 약한 사람에게 편리함

www.ableapparel.com

구 분	장애인을 위한 휠체어 수납함
디자인 특 성	메쉬(mesh) 소재를 사용하여 내용물 구분이 용이하며 지퍼 여밈 보관이 편리함. 스냅과 벨크로 테이프 이용하여 탈부착이 용이함

www.ableapparel.com

구 분	장애인을 위한 휠체어용 진(jean) 팬츠
디자인 특 성	편평한 솔기로 압력과 상처를 보호해 줌 주머니가 편안한 위치에 있어 베기지 않음 뒤 허리가 높아 흘러내리지 않음

www.wheelchairjeans.com

구 분	장애인을 위한 셔츠
디자인 특 성	손의 사용이 부자유스럽거나 힘이 없어 단추 여밈이 어려움을 보완하기 위해 단추 대용으로 벨크로 테이프를 사용함

www.lyddawear.com

구 분	장애인을 위한 스커트
디자인 특 성	폴리에스테르 축면사로 신축성이 있어 편안함 벨크로 여밈과 부드러운 벨트와 옆 솔기에 주머니가 있음

www.silverts.com

구 분	장애인을 위한 원피스
디자인 특 성	폴리에스테르 소재로 관리하기 용이함 뒤쪽의 어깨와 등 부분에서 여밀 수 있도록 디자인함

This item opens at the back

This item is designed for Caregiver Assisted Dressing

www.silverts.com

구 분	장애인을 위한 뒤여밈 팬츠
디자인 특 성	몸을 가누지 못하는 장애인으로 바지를 선호하는 사람을 위한 디자인 환자가 앉아 있는 상태에서 보조자가 착용시킬 수 있도록 디자인 트임이 힙선까지 위치하여 착용이 용이

www.buckandbuck.com

구 분	장애인을 위한 하이웨이스트 팬츠
디자인 특 성	허리에 굴신이 생기는 휠체어를 사용하는 장애인을 고려하여 허리선을 높이고 허리밴드 부분을 모두 신축성 소재로 처리함

www.rolli-moden.com

구 분	장애인을 위해 스냅을 이용한 실내복
디자인 특 성	전신마비 등으로 보호자의 도움으로 의복을 입고 벗는 장애인을 위해 스냅을 사용하여 탈착의 편의를 도모하도록 디자인함

www.easyaccessclothing.com

구 분	장애인을 위해 착용이 용이한 옆트임 팬츠
디자인 특 성	거동이 불편하거나 휠체어를 사용하는 장애인을 위해 보온과 편안한 착용감을 위해 옆선이나 다리 안쪽에서 여미도록 디자인함

www.finnease.com

구 분	휠체어를 사용하는 노인 및 장애인을 위한 리프트(lift) 베스트
디자인 특 성	보조자가 환자를 이동할 때에 용이도록 내구성이 강한 소재를 사용하고 손잡이로 사용할 수 있는 웨빙을 탈부착이 가능하도록 디자인함

www.liftvest.com

● 장애인 관련 사이트

사이트	사이트 소개
세창 장애구두연구소 http://www.jhk.co.kr/sechang	한 손으로 장애인 구두를 만들어 온 남궁정부씨의 장애구두연구소는 소아마비 보조화, 보조기 덧신, 평발 특수화, 의족 구두, 무지외반, 아동용 교정화, OX형 특수화, 특수 깔창 제작, 중풍환자용, 전문의 처방 교정화 전문 제품을 취급하고 있다.
곰두리 투어 http://www.gomduritour.com	지체장애인과 청각장애인의 국내외 여행을 전문으로 하는 여행사의 홈페이지로 회사에서 취급하는 여행 서비스를 소개하고 있다. 또한 장애인의 항공권 할인 및 여권과 비자 수속에 대한 정보를 제공하고 있다. 그밖에 장애인관련 소식과 지체, 청각장애인에 대한 에티켓을 소개한다.
바이 앤 조이(buynjoy) http://www.buynjoy.com/jsp/mall	한국통신의 인터넷 쇼핑몰과 한국장애인재활협회의 곰두리 인포넷이 협력해서 구축한 장애인 전용 인터넷 쇼핑몰로서, 장애인이 생산하는 모든 제품에 대해서는 무료 입점을 지원하고 곰두리몰에서 발생하는 수익 전부를 장애인 복지기금으로 제공하고 있다.
좋은 생활(ablemall) http://www.ablemall.co.kr	장애인전문 포털사이트 able data에서 운영하는 노인/장애인용품 쇼핑몰로서 사진과 자세한 설명을 통하여 제품의 특성을 이해할 수 있게 구성되었으며 사이버 머니를 적립하여 사용할 수 있다. 이용자들의 제품사용 후기를 적을 수도 있다.
네오이드 http://www.neoid.net	장애인 포털사이트로 소식 및 자료실 중심의 커뮤니티, 게시판이 있는 카페와 동호회 서비스를 제공한다. 그밖에 장애영역별, 주제별 상담실을 운영하고 있으며, 배움터에서는 수화와 장애인 스포츠에 대한 정보를 제공한다. 또한, 국내 유일의 장애인 문학지인 《솟대문학》을 볼 수 있으며, 장애인용품을 갖춘 인터넷 쇼핑몰을 운영 중이다.
곰두리 서울공판장 http://www.gomdoori.co.kr	곰두리 서울공판장은 보건복지가족부와 서울시가 지원하는 장애인 생산품 판매 시설로서 전국에 장애인 보호 작업장과 재가 장애인들이 만든 생산품들을 직접 사진으로 보여 주고 구매할 수 있는 사이트이다. 가격 및 구입 방법이 상세히 설명되어 있어서 구입과정이 간편하다.

사이트	사이트 소개
장애우 권익문제연구소 http://www.cowalk.or.kr	장애우 인권과 복지 향상을 위한 사이트로서 장애 아동에 대한 인식개선을 위한 사회복지 장애우 문제 전문 월간지 《함께 걸음》에 대한 정보도 소개하고 있다.
서울장애인 종합복지관 http://www.seoulrehab.or.kr	실시 프로그램 소개 및 장애에 관련된 복지, 예방, 연구에 대한 자료 및 웹진 《성지》의 자료와 장애와 복지에 관련된 기관들의 홈페이지를 링크시켜 놓아서 관심 있는 홈페이지로 바로 방문할 수 있다.
한국육영학교 http://hk60.web.edunet4u.net	교육과정별 관련 게시판과 전공과 게시판, 특수교육 및 정서, 자폐아 교육에 관한 질문을 할 수 있는 게시판이 있다. 교사와 학부모를 위한 별도의 게시판 및 장애인 관련 자료를 게시하는 자료실이 있다.
다일엔닷컴 http://www.dailn.com	장애 정보 및 뉴스, 건강정보, 방송 내용 및 추천도서 등 장애에 관련된 다양한 정보들이 제시되어 있고 그 내용도 검색할 수 있다.
GGOLGGAB http://www.ggolggab.com	장애인 관련 인터넷 웹진으로서 장애인 복지 관련 뉴스, 연재소설, 연재만화, 육아일기 등 문화에 관련된 정보들을 많이 볼 수 있다.
한국장애인재활협회 곰두리 http://ns.ksrd.or.kr	장애인의 재활을 도모하는 모임으로서 협회 소개 및 재활정보와 재활 관련 신문, 동호회, 취업 정보 등을 포함하고 있다. 도서관 및 교육서비스에 관련된 정보를 제공하고 대화방 및 사이트 맵은 다양한 카테고리로 나뉘어져 있다.
인터넷 특수교육 정보실 http://www.kser.co.kr	개인 검색 포털 사이트로서 장애에 관련된 다양한 분야로 카테고리가 나누어져 있으며, 이에 관련된 정보를 검색할 수 있는 사이트이다.

참고문헌

국내 문헌

기술표준원(2004). **인체측정 표준용어집**. 서울: 산업자원부.

기술표준원(2004). **의류제품치수 KS 제·개정 공청회 자료집**. 서울: 산업자원부.

김혜경 외(1997). **피복인간공학 실험설계방법론**. 서울: 교문사.

김혜경(1999). **신체장애와 특수의복**. 서울: 교문사.

송명견·박순자(1998). **기능복**. 서울: 수학사.

숭실대학교 장애인복지연구회(2004). **현대장애인복지론**. 서울: 현학사.

오혜경(1998). **장애인 복지학 입문**. 서울 : 아이아미디어리서치.

윤석용(2002). **개인 맞춤형 복지 시대**. 서울 : (주)새로운 사람들.

이경희·김윤경(2004). **남성패션 디자인**. 서울: 교문사

이경희·김윤경·김애경(2006). **패션과 이미지 메이킹**. 서울: 교문사

이윤정(2007). **스타일을 입는다**. 서울: 교보문고

이선배(2008). **잇스타일**. 서울: 넥서스 Books.

장애우권익문제연구소(1996). **여성장애인과 가정**. 서울: 동연구소.

전용호(2001). **장애인복지론**. 서울: 학문사.

정삼호(1996). **현대패션모드**. 서울: 교문사.

정삼호·이현정(1999). **패션디자인의 요소와 원리**. 서울: 동원슬라이드.

정삼호 외(2000). **패션 Self 스타일링-Women's wear**. 서울: 교문사.

정삼호 외(2001). **패션 Self 스타일링-Men's wear**. 서울: 교문사.

정연아(2000). **성공의 법칙/이미지를 경영하라**. 서울: 넥서스.

조진아 외(2002). **토털 코디네이션**. 서울: 훈민사.

최성이(2004). **남자의 옷차림은 전략이다**. 서울: 영진닷컴.

한국보건사회연구원(1999). **2000년 장애인 실태조사를 위한 기초연구**. 서울: 동연구원.

한국보건사회연구원(2001). **2000년도 장애인 실태조사 보고서.** 서울: 동연구원.

한국보건사회연구원(2002). **여성장애인 생활실태와 대책.** 서울: 동연구원.

한명숙 · 하희정(2005). **자기 이미지 커뮤니케이션.** 서울: 교문사

● 국내 논문

강혜원 · 김혜경 · 김순자 · 박문혜(1982). 신체장애자 특수의복 실험 연구－뇌성마비 아동을 중심으로. **연세논총**, 제19집.

김경임(2003). **하반신 마비자의 기성복 바지 개발에 관한 연구.** 부산대학교 대학원 석사학위논문.

김명화(1986). **88 서울 장애자 올림픽의 한국 양궁 선수복 디자인 개발에 관한 연구.** 홍익대학교 대학원 석사학위논문.

김묘환(1987). **신체장애 여성의 일상복 디자인 개발에 관한 연구.** 홍익대학교 대학원 석사학위논문.

김선희(1991). **지체장애인의 체형과 의복에 관한 연구－보장구를 사용하는 남자장애인을 중심으로.** 이화여자대학교 대학원 석사학위논문.

김성경(1993). 장애자를 위한 의상에 관하여. **재활,** 한국장애인재활협회, 겨울호.

김순분(1992). **지체부자유자의 의복구성을 위한 착탈의 행동연구－뇌성마비자를 중심으로.** 계명대학교 대학원 박사학위논문.

김인경 · 신정숙 · 최정욱(1999). 장애인 의복 개발을 위한 현황 분석. **복식문화연구**, 7권, 2호.

김혜경 · 강혜원 · 김순자 · 장승옥(1983). 신체 장애아의 장애 부위에 따른 특수 의복 연구-뇌성마비 아동을 중심으로. **연세논총**, 제20집, 연세대학교 대학원

김혜경 · 김순자 · 최정희(1986). Wheelchair사용 지체장애아의 기능적인 의복연구－뇌성마비아동을 중심으로. **연세논총**, 제22집. 연세대학교 대학원

김혜경 · 조정미 · 서추연(1992). 학령기 지체 장애자의 하반신 의복에 관한 연구. **한국의류학회지**, Vol. 16, No. 3.

문선정(2006). **노인 및 장애 여성을 위한 유니버설 패션 디자인 개발.** 중앙대학교 대학원 박사학위논문.

박승순(1987). **지체장애자의 의복에 관한 연구－직업재활 훈련소의 작업복을 중심으로.** 건국대학교 대학원 석사학위논문.

박재옥(1983). 지체부자유아를 위한 의복 디자인 사례 연구. **계명대학교 과학논집**, 제

19집.

박형준 (1989). **뇌성마비 아동의 착탈의 동작훈련효과.** 대구대학교 대학원 석사학위논문.

배창연(1985). **지체장애자의 의복에 관한 연구－청소년기 Wheel Chair 사용자의 활동복을 중심으로.** 이화여자대학교 대학원 석사학위논문.

서정아(1993). **휠체어 사용 지체장애인을 위한 하지부 의복개발에 관한 연구.** 전남대학교 대학원 석사학위논문.

손미숙(1987). **지체장애자의 체형에 관한 연구－편마비자의 동상부를 중심으로.** 동아대학교 대학원 석사학위논문.

심성식(1976). 한국 신체장애자의 의복에 관한 연구. **한국생활과학연구원논총**, 16, 이화여자대학교.

안정숙(2001). **지체장애인의 의복착용 및 구매행동에 관한 연구.** 상명대학교 교육대학원 석사학위논문.

원영옥(1984). 신체장애자를 위한 의복디자인. **국민대학교 조형논총 3.**

유소영(1989). **뇌성마비 아동을 위한 일상복 디자인 연구.** 홍익대학교 대학원 석사학위논문.

이진화(1990). **지체장애자를 위한 의복개발 연구－휠체어를 사용하는 성인여성을 중심으로.** 서울대학교 대학원 석사학위논문.

이현정(2005). **지체장애인 여성의 체형 특성 분석 및 기능성 의복 디자인 연구.** 중앙대학교 대학원 박사학위논문.

임현규(1984). **지체부자유자의 의복행동과 지각성향과의 상관연구.** 연세대학교 대학원 석사학위논문.

정미경(1987). **정상인과 지체부자유자의 자아개념과 의복행동과의 관계연구.** 중앙대학교 대학원 석사학위논문.

정삼호(1991). **성인여성의 체형과 연령에 따른 의복디자인 선호연구: 선의 유형을 중심으로.** 숙명여자대학교 대학원 박사학위논문.

정성옥(1990). **지체장애자의 비옷에 관한 연구－청소년기 wheelchair, crutch 사용자를 중심으로.** 국민대학교 대학원 석사학위논문.

홍성순(2001). 장애인을 위한 의복디자인(Ⅰ)－부목, 목발 및 휠체어 사용자를 중심으로. **복식문화연구**, 제9권, 제6호.

홍성순 · 석혜정(2003). 장애인을 위한 기성복 개조법 제안－휠체어를 사용하는 장애인을 중심으로. **한국의류학회지**, Vol. 27, No. 8.

●국외 문헌

東京都福祉局總務部總務課(2003). *Social Welfare in Tokyo*. 東京: (株)マキ.

田中直人・見寺貞子(2003). ユニバーサルファッション. 東京: 中央法規.

Bewley, C. & Glendinning, C.(1992). *Involving Disabled People in Community Care Planning*. New York: Joseph Rowntree Foundation.

Bickenback, J. E.(1993). *Physical Disability and Social Policy*. Buffalo, NY: University of Toronto Press.

Chase, R. W., & Quinn, M. D.(2003). *Design without Limits*. New York: Fairchild Publications, Inc.

Darnbrough, A. & Kinarade, D.(1995). *Directory of Disabled People: A handbook of information for everyone involved in disability* (7th ed.). Printice Hall: Harvester Wheatsheaf.

Despouy, L.(1991). *Human Rights and Disability*. New York: United Nations Economic and Social Council.

Hoffman, A. M.(1979). *Clothing for the Handicapped, the Aged and Other People with Special Needs*. Springfield, Illinois: Charles C Thomas Publisher Co.

Kernaleguen, A.(1978). *Clothing for the Handicapped*. Alberta: The University of Alberta Press

Lonsdale, S.(1990) *Women and Disability: The experience of physical disability among women*. London: Macmillan.

Oliver, M.(1996) *Understanding Disability: From theory to practice*. London: Macmillan Press.

Robinault, I. P.(1973). *Function Aids for the Multiply Handicapped*. New York: Harper & Row Publisher Inc.

Williams, S. A.(1971). *Clothing Problems and Dissatisfactions of Physical Handicapped Man*. University of North Alabama.

● 국외 논문

Boettke, E. M.(1963). Clothing for Children with Physical Handicap. *Journal of Home Economics,* Vol. 55, No. 8

Christman, L, A., & Branson, D. H.(1990). Influence of Physical Disability and Dress of

Female Job Applicants on Interviews. *Clothing and Textiles Research Journal,* 8(3)

Dallas, M. J., & Wilson, P. A.(1981). Panty design Alternatives for Women and Girls with Physical Disabled. *Home Economics Research Journal,* Vol. 9, No. 4

Freeman, C. M., Kaiser, S. B., & Wingate, S. B.(1985). Perceptions of Functional Clothing by Person with Physical Disabilities-A Social-Congnitive Framework. *Clothing Textile Research Journal,* Vol. 4, No. 1

Hall, D., & Vignos, P. J.(1964). Clothing Adaptations for the Child with Progressive Muscular Dystrophy. *American Journal of Occupational Therapy,* 18

Kaiser, S. B., Freeman, C. M., & Wingate, S. B.(1985). Stigmata and Negotiated Outcomes: Management of Appearance by Persons with Physical Disabilities. *Deviant Behavior,* 6

Lamb, J. M.(2001). Disability and the Social Importance of Appearance. *Clothing and Textiles Research Journal,* 19(3)

Miller, F. G.(1982). Clothing and Physical Impairment Joint Effects on person Perception. Home Economics Research Journal, Vol. 10, No. 3Reich, N., & Shannon, E.(1980). Handicap-Common Physical Limitation and Clothing - Related Needs. *Home Economics Research Journal,* Vol. 8, No. 6

O' Bannon, P. B., Feather, B. L., Vann J. W., & Dillard, B. G.(1988). Perceive Risk and Information Sources Used by Wheelchair-Bound Consumers in Clothing Purchase Decisions. *Clothing and Textiles Research Journal,* 7(1)

Reich, N., & Otten, P.(1991). Clothing and Dressing Needs of People With Arthritis. *Clothing and Textiles Research Journal,* 9(4)

Rice, V. K.(1971). *Attractive Garments Designs for Physically Handicapped Women Wear Leg Braces and Who Use Crutches.* Master Thesis, The Florida State University.

Rusk, H. A., & Taylor, E. J.(1959). Functional Fashions for the Physically Handicapped. *Journal of the American Medical Association,* 169

Scott, C. L.(1959). Clothing Needs of Physically Handicapped Homemakers. *Journal of Home Economics,* Vol. 51, No. 8

Wagner, E. M., Kunstader, R. H., & Shover, J.(1963). Self-help Clothing for Handicapped Children. *Clinical Pediatrics,* 2

Ward, M. M.(1958). Self-Help Fashions for the Physically Disabled, Child. *The American Journal of Nursing,* Vol. 58, No. 4

Wingate, S. B., Kaiser, S. B., & Freeman, C. M.(1986). Salience of Disability Cues in Functional Clothing: A Multidimensional Approach. *Clothing and Textiles Research Journal,* 4(2)

Yep, J. O.(1977). Tools for Aiding Physically Disabled Individuals Increase Independence in Dressing. *B. of Rehabilitation,* Vol. 43, No. 5

● 기타 자료

보건복지부(각 연도). **보건사회통계연보.**

보건복지부(각 연도). **주요업무자료.**

보건복지부(1997). **장애인복지사업지침.**

보건복지부(1997). **장애인, 노인, 임산부 등의 편의증진보장에 관한 법률.**

(주)효성 섬유 연구소(2004). **Silver 의류의 신섬유 소재.**

● 인터넷

http://blog.naver.com/01235ok/60002627151

http://www.coara.or.jp/~hirame

http://www.eonet.ne.jp/~ufmii

http://hccweb.bai.ne.jp/~hcd

http://www.ho-ko.co.jp

http://kaigohuku.co.jp

http://www.my-rio.co.kr

http://uk-ortho.bspaper.com/news/news2-04-19-4.htm

http://www.samsungdesign.net/Report/CeoInfo/default.asp

http://www.soir.co.jp

http://www.standard.go.kr/korStdBus/korStdBodyRsh.asp?menukey=stdBody

http://www.tahara-shakyo.or.jp

http://www.yagi.co.jp

찾아보기

저자 소개

정삼호
숙명여자대학교 가정대학 의류학과 졸업
미국 Brook college(패션 디자인 전공, A.A.
　　Degree)
숙명여자대학교 대학원 의류학과 졸업(석 · 박사)
현재 중앙대학교 생활과학대학 의류학과 교수
　　실버의류실용화기술지원센터장(지식경제부)
　　경기도 지역혁신협의회 경기과학기술분과 전문
　　위원
저서 현대패션모드(개정판)
　　패션 self 스타일링-Women's Wear
　　패션 self 스타일링-Men's Wear
　　여성복 만들기의 실제 외 다수

이현정
중앙대학교 대학원 가정학과 의류전공(석 · 박사)
(주) SPC 글로발 디자이너 역임
현재 중앙대학교 의류학과 강사
　　실버의류실용화기술지원센터 선임연구원
　　서울 디지털대학교 강사
저서 패션디자인의 요소와 원리(개정판)
　　유쾌한 패션 맛보기
　　디지털시대의 기능성 디자인과 소재

문선정
중앙대학교 대학원 의류학과 졸업(석 · 박사)
모델센터 강사 역임
현재 중앙대학교 의류학과 겸임교수
　　실버의류실용화기술지원센터 선임연구원
　　한국경제신문(hiceo.co.kr) 패션 & 스타일 강사
저서 패션 self 스타일링-Women's Wear

Fashion Illustration 유은옥
중앙대학교 대학원 의류학과 졸업(석 · 박사)
프랑스 Les Ecoles de la Chambre Syndicale de la
　　Couture Parisienne 졸업
E-Land 디자인실장 역임
중앙대학교 의류학과 겸임교수 역임
현재 중앙대학교 의류학과 강사
　　실버의류실용화기술지원센터 선임연구원
저서 현대패션모드(개정판)

장애인을 위한 패션

2009년 1월 5일 초판 발행
2009년 8월 20일 2쇄 발행

지은이 정삼호 · 이현정 · 문선정
펴낸이 류 제 동
펴낸곳 (주)교 문 사

책임편집 김지연
본문디자인 우은영
표지디자인 반미현
패션일러스트 유은옥
제작 김선형
마케팅 김재광 · 정용섭 · 송기윤

출력 교보피엔비
인쇄 동화인쇄
제본 대영제책

우편번호 413-756
주소 경기도 파주시 교하읍 문발리
　　　출판문화정보산업단지 536-2
전화 031) 955-6111(代)
팩스 031) 955-0955
등록 1960. 10. 28. 제 406-2006-000035호

홈페이지 www.kyomunsa.co.kr
이메일 webmaster@kyomunsa.co.kr

ISBN 978-89-363-0963-3 (93590)

*잘못된 책은 바꿔 드립니다.

값 17,000원